U0251308

Machine Learning
Deep Learning & Reinforcement Learning

机器学习
深度学习与强化学习

林强 编著

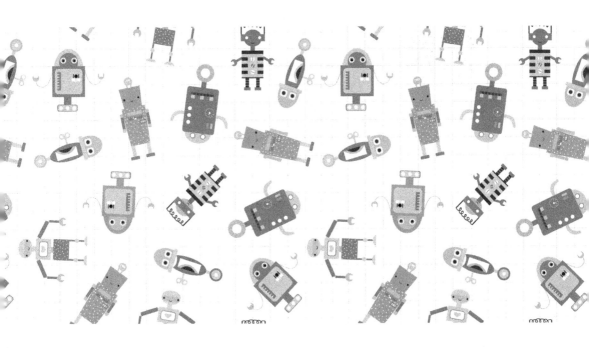

知识产权出版社
全国百佳图书出版单位

图书在版编目（CIP）数据

机器学习、深度学习与强化学习/林强编著. —北京：知识产权出版社，2019.5
ISBN 978-7-5130-6253-4

Ⅰ.①机… Ⅱ.①林… Ⅲ.①机器学习—研究 Ⅳ.①TP181

中国版本图书馆 CIP 数据核字（2019）第 087094 号

内容提要

本书尝试从计算流和信息流相结合的角度，从自组织网络的角度，对计算科学与信息科学结合的原理、方法和意义进行阐述，从而形成一套融合数学思维和信息思维的理论体系。本书坚持理论与应用相结合，既从较高的抽象的层次来认识和分析学习与认知形式，也对其应用层的实际呈现进行阐述，由浅入深地对学习与认知形式的发展走向、趋势以及其中的深刻内涵进行探讨。

本书获得北京市教委科研计划项目资助（项目编号：KM201611232015）。

责任编辑：张水华		**责任校对**：王 岩
封面设计：臧 磊		**责任印制**：孙婷婷

机器学习、深度学习与强化学习

林 强 编著

出版发行：知识产权出版社有限责任公司	**网 址**：http://www.ipph.cn
社 址：北京市海淀区气象路 50 号院	**邮 编**：100081
责编电话：010-82000860 转 8389	**责编邮箱**：46816202@qq.com
发行电话：010-82000860 转 8101/8102	**发行传真**：010-82000893/82005070/82000270
印 刷：北京虎彩文化传播有限公司	**经 销**：各大网上书店、新华书店及相关专业书店
开 本：720mm×1000mm 1/16	**印 张**：10.5
版 次：2019 年 5 月第 1 版	**印 次**：2019 年 5 月第 1 次印刷
字 数：180 千字	**定 价**：59.00 元

ISBN 978-7-5130-6253-4

序　言

　　机器学习、深度学习和强化学习是人工智能的核心技术，三者之间既相互独立又关系密切，共同构成学习的主要形式。学习形式的优化和升级是提高人工智能认知行为的一种重要手段。

　　以上述三大技术为代表的人工智能技术是近年来学界和商界广泛关注的领域之一，在实践中表现出领域的多样性、应用的多样性、呈现的多样性，对学习和研究带来了内容的广泛性和理解的复杂性。

　　本书尝试从计算流和信息流相结合的角度，从自组织网络的角度，对计算科学与信息科学结合的原理、方法和意义进行阐述，从而形成一套融合数学思维和信息思维的理论体系。本书坚持理论与应用相结合，既从较高的抽象的层次来认识和分析学习与认知形式，也对其应用层的实际呈现进行阐述，由浅入深地对学习与认知形式的发展走向、趋势以及其中的深刻内涵进行探讨。

　　本书的创新之处在于：一是结合数学的发展，提出计算流的概念；二是从计算流和信息流相结合的角度分析机器学习的发展与演进，建立与其他著作不同的视角；三是从自组织的角度将机器学习与深度学习、强化学习统一起来，强调探索式前进、反馈和改进的自组织行为是上述领域的共同范式。

以上述创新型成果为框架，在素材整理和编撰过程中，本书参考和借鉴了许多前人的研究成果，如教材、著作和网络文献等，由于时间紧，加之部分网络文献出处不详，未能列出这些成果的所有出处，在此向各类文献的作者表示真挚敬意、歉意和由衷的感谢。

由于编著者水平有限，本书尚存在不足之处，敬请广大读者批评指正，以便不断修改、完善和提高。

本书可作为对机器学习和人工智能进行研究的相关部门和人员的参考读物，也可作为高等院校信息管理与信息系统专业、计算机科学与技术专业以及其他相关专业的参考用书。

知识产权出版社对本书的出版给予了极大支持，在此表示感谢。

林　强

2018 年 12 月 15 日

目　录

第一章

数据、数学与机器学习

1.1　概述

　　人类对世界的认识是理论来源于实践又服务于实践的过程。作为对人类认知行为的近似，机器学习、深度学习和强化学习的过程也是认知来源于世界又服务于世界的过程。当离开人类的参与，这一行为完全由计算机自主实现时，这一过程表现为建立在机器学习、深度学习、强化学习（为表达方便，除非特别指出，采用机器学习代表三种学习形式，下同）基础之上的自组织过程。

　　交换是经济社会中一种常见的基本的经济形式。现代交换经济中，物理世界的产品流通过与信息流结合，将现实世界映射到数字的世界。机器学习又将这个数字的世界映射到有限维或无限维的空间中，局部的或整体的空间中，呈现出结构与结构之间的关系。

人类最重要的两个智能行为是学习和解决问题的能力。机器学习是让计算机模拟和实现人类的学习，以获取解决问题的知识。专家系统是基于经验的学习，也是机器学习的初级方式。专家系统利用专家的知识来解决实际问题，解决问题的能力达到了专家水平。但是专家系统在发展过程中遇到了不少的困难。一方面，从专家那里获取知识是一项既费时又费力的困难工作。专家能在实际中有效地解决问题，但要专家整理出自己的知识和经验，他往往无从下手。这为知识获取带来了困难，形成了知识获取的"瓶颈"现象。另一方面，基于经验的学习虽然在解决问题上具有一定功效，但是却难以反映问题以及解决方法的本质特征。机器学习是基于数据或样本的学习，为解决知识获取的问题提供了有效的途径。它使得计算机可以从大量实例中自动归纳，产生描述和抽象这些实例的一般规则知识，从而在反复学习中不断逼近问题以及解决方案的本质。

机器学习被列为人工智能的核心技术，它以知识处理为主体，利用知识进行推理，完成人类定性分析的部分智能行为。人工智能技术融入决策支持系统后，使决策支持系统在模型技术和数据处理技术的基础上，增加了知识推理技术，使决策支持系统的定量分析和 AI 的定性分析结合起来，从而提高辅助决策和支持决策的能力。

传统的机器学习是从海量样本（也称为大数据）中找出有用的知识即数据挖掘技术。依据学习方式的不同，可以划分为以下两类：

（1）监督学习，计算机从样本中学习，依据从外界获得的已知的明确的结论判断。

（2）无监督学习，计算机从样本中学习，得不到明确判断。目标标签不明确。

将神经网络和上述机器学习的思想综合起来可以完成更难的学习任务，这些学习任务往往是传统的神经网络或者机器学习自身无法完成的，这一类的学习方法被称为深度学习。除了神经网络之外，支持深度学习的另一类重要方法是核方法，如支持向量机（SVM）和核主分量分析，这些内容源自统计学习理论。支持向量机通常被认为是一种监督学习方法，其本质是一个两类分类器。SVM 的设计原理源于希尔伯特空间构想和再生核希尔伯特空间构想（RKHS）的作用。以现代数学理论为依据，SVM 成为监督学习中一个具有强大计算能力的一流的工具。在 RKHS 基础之上可以进一步建立 Tikhonov 经典正则化理论，正则化最小二乘估计和正则化参数估计。

强化学习是不同于上述两类学习方式的学习形式。在强化学习中，计算机自己从样本中学习，自己从样本中进行判断寻找答案。

1.2 数学与机器学习

从数学的角度看，机器学习方法研究的是建立在趋势为有限数的集合、集合族的笛卡尔积及其映射的基础之上的代数运算。两值分类任务是机器学习中最常见的代数运算，多类别的任务可以看作两分类问题的变体形式。极端一些，抛弃类别的概念，对具体值进行预测的任务称为回归（regression）。其本质是依据标注有函数输出真值的训练样本集来学习形成一个范畴。比如，可以随机抽取一定数量的样本生成一个训练集合，先选定一类映射（如映射值与数值型特征存在线性依赖关系的映射族），然后依据该训练集合构造一个能够将映射预测值与其真值之差最小化的（目标）代数运算。在此过程中，特征的选择与提取可以视为中间集合的产生。集合的结构与变换是聚类产生的依据。训练样本的有限性，意味着可以利用的信息量有限，它所计算的度量值可解释为待分类样本到决策的距离，因而可将该度量值作为预测可信度的一种度量。分类和回归的共同假设是可以获得由带有类别真值或函数真值标注的样本所构成的训练集合。基于此训练集合，现代计算技术的发展为上述算法的实现提供了可能。

通过机器学习得到自由模下的范畴，需要将目标对象映射为一组新的对象。范畴、对象及映射是机器学习的三大要素。在这三大要素中，映射占据着中心地位；范畴通过映射来完成，学习问题通过能够产生的学习算法来解决。所以机器学习要解决的问题是建立自由模下的范畴，建立从特征描述的对象到输出对象的恰当映射（即模型），对于机器学习来说，要解决的中心任务就是研究如何从训练样本或训练对象中获取这样的映射。所以机器学习所关注的问题是使用正确的对象来构建正确的范畴以完成既定的任务。为完成某个实际任务，需要借助各种学习方法和来自相应任务领域的样本所构造的模型。因此，从现代数学的角度看，机器学习可以概括为"使用正确的对象来构建正确的映射，以建立既定的自由模下的范畴"。现实中，这里的正确的对象由特征（feature）来体现，范畴由数学模型来体现。一旦获得对问题域中对象的某种正确的特征表示，通常不再去关注这些对象本身，而把这种正确的特征作为机器学习的研究对象。

这里的范畴是对我们所期望解决的、与问题域对象有关的问题的一种抽象表示。许多任务都可抽象为一个从样本集合到输出对象的映射，而这种映射或范畴本身最终表现为应用于训练样本的某个具体的机器学习算法的输出。

机器学习对范畴的描述有三种方式：几何范畴（geometric model）、概率范畴（probabilistic model）和逻辑范畴（logical model）。这三种划分并非严格相斥的。它为解释和分析同一问题提供了不同的解析角度。

第一种为几何范畴。实例空间（instance space）是由所有可能的或可描述的实例（或样本）所构成的集合，无论它们是否存在于已有数据集中。通常该集合具有一定的拓扑结构。若所有的特征对象都是数值型的，则可将每个特征视为笛卡尔坐标系中的一个点。几何模型是借助于一些几何概念（如线、平面及距离）直接在实例空间中构建的。实例空间的维数不超过三维，运用于高维空间的几何概念通常都带有前缀"超"（hyper-）。借助矩阵符号，可方便地表示 d 维笛卡尔坐标系中的各种变换。

第二种为概率范畴，贝叶斯分类器便属于这个范畴。这类范畴基于下列基本观点：令 X 为已知集合（如实例的特征），Y 为我们感兴趣的目标集合（如实例所属的类别）。机器学习中最关键的问题是如何对 X 和 Y 之间的依赖关系进行建模。统计学家所采取的方法是，假设这些集合的观测值由一些潜在的随机过程按照某个明确定义但却未知的概率分布所产生。希望通过这些样本来获得与该分布有关的更多信息。在研究这一问题之前，一般假设已经学习到该分布，那么应如何利用它来导出一些有用的结论。

第三种逻辑范畴本身更偏向于规则系统，这种类型的模型之所以被称为"逻辑模型"，是因为它很容易被翻译成可为人所理解的规则，如 IF…，THEN…的形式，这些规模很容易用树形结构来表示。这种树也可称为特征树。这种方法的主要思想是利用特征以迭代方式不断划分实例空间。逻辑范畴所拥有的与大多数几何范畴和概率范畴不同的特性之一是，它能够在一定程度上对其预测结果进行解释。例如，由决策树给出的预测结果可通过读取从根节点到叶节点的条件而获得解释。

特征对象与范畴的关系非常密切，不仅仅因为范畴是依据特征对象而定义的，而且还因为可将单个特征对象转化为单变量范畴。由此，可对特征对象的两种用法进行区分：一种比较常见的特征对象使用方法是重点关注实例空间中的某个特征区域；另一种用法是比较集中地出现在监督学习中，如线性分类器所运用的是形式为 $\sum_{i=1}^{n} \omega_i x_i > t$ 的决策规则，其中 x_i 为一个数值型特征。该决策规则为线性，这意味着每一维特征对象对于待分类实例得分的贡献是彼此独立的，而贡献的大小则依赖于权值 ω_i：如果 ω_i 值较大且为正，则当 x_i 为正时，得分为增加；若 $\omega_i \leq 0$，当 x_i 为正时，得分则会降低；若 $\omega_i \approx 0$，则 x_i 的影响可以忽略。因此，特征对象对于模型的最终决策所做的贡献既精确又可度量。还应注意，进行决策时，每一维特征对象并未被"阈值化"，其"分辨率"被完整地运用于计算实例的得分。特征对象的这两种用法（即"作为划分用的特征对象"和"作为预测器的特征对象"）有时会在一个范畴中同时出现。

在分类问题中，依据类别的不同，特征对象之间的相关性也不尽相同。两个特征对象可能是正相关的，也可能是负相关的。此外，特征对象之间还有一些其他的关联方式。在进行特征搜索以添加到逻辑模型中时，可利用这种特征对象之间的关系。

在上述范畴所构成的拓扑空间基础上，进一步基于同胚和连通性进行拓展，为机器学习算法的改进提供了新的途径，如 SVM 中核函数的确定。

1.3 数据与机器学习

基于样本的决策支持是信息技术自然演化的结果。信息技术的大致发展过程如下：从早期的数据样本收集到数据样本存储和检索、数据库事务处理等数据样本管理，到涉及数据样本分析与信息处理知识的理解，再到与环境的交互。除了传统的依赖经验的专家系统，决策者又多了一种从海量样本中提取有价值知识和利用价值知识的工具，通过使用知识发现工具进行数据分析，可以发现重要的规律、模式，破除数据与信息的鸿沟。

基于知识发现决策属于高层次上的主动式自动发现和决策方法，是指从数据样本中提取正确的、有用的、未知的和综合的信息，并用它进行决策的过程。这一过程实现了从数据样本到信息、知识、决策的跨越，如图1-1所示。

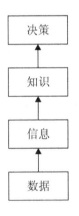

图1-1 从数据样本到决策支持

从机器学习的角度看，上述过程是通过如下智能体结构实现的。

图1-2是基本单元——智能体的结构。智能体由传感器（Sensors）、处理器（Processors）、执行器（Actuators）三部分组成，具有感知外部环境、产生信息流、完成信息流与计算流的结合以及采取自适应行动的功能。

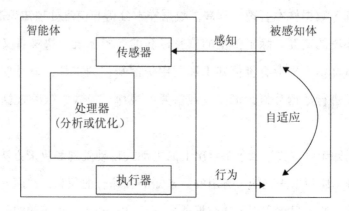

图1-2　智能体结构

作为基本单元，传感器（Sensors）、处理器（Processors）、执行器（Actuators）与外部被感知环境间相互结合，以闭环形式构成了自适应的过程。

当多个智能体相互连接、相互结合时，多个智能体的感知、信息处理和执行相互结合形成了自适应的学习网络，称之为自组织网络或者自组织的学习方式，如图1-3所示。

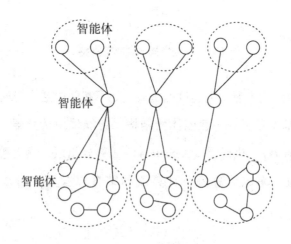

图1-3　自组织网络

机器学习属于多领域交叉的学科。它是统计理论与计算技术结合后的拓展，并最终应用到实际中。机器学习与统计学的不同之处在于统计学倾向于理论性，机器学习倾向于实际效果的观测。机器学习成为连接统计学和数据挖掘的桥梁或者说是装载统计学和数据挖掘的框架。如今，在机器学习涉及的众多领域中，机器学习以其对人脑的学习为核心技术。机器学习的算法普遍应用于人工智能的各个领域。机器学习注重模仿人类的学习方式，其中的模式识别也注重模仿人类认识世界的方式。虽然有人认为二者处于并列的地位，为了理论描述的整体性，本书将模式识别列为机器学习的一个组成部分，一个具体的实例是用于数据预处理的维归约或者说用于描述性数据挖掘。

作为传统机器学习代表形式的数据挖掘是指从数据集合中自动抽取隐藏在数据中的那些有用信息的非平凡过程，这些信息的表现形式为：规则、概念、规律及模式等。它可帮助决策者分析历史数据及当前数据，并从中发现隐藏的关系和模式，进而预测未来可能发生的行为。数据挖掘的过程也叫知识发现的过程，它是一门涉及面很广的交叉性新兴学科，涉及数据库、人工智能、数理统计、可视化、并行计算等领域。数据挖掘是一种新的信息处理技术，其主要特点是对数据库中的大量数据进行抽取、转换、分析和其他模型化处理，并从中提取辅助决策的关键性数据。数据挖掘是 KDD（Knowledge Discovery in Database）中的重要技术，它并不是用规范的数据库查询语言（如 SQL）进行查询，而是对查询的内容进行模式的总结和内在规律的搜索。传统的查询和报表处理只是得到事件发生的结果，并没有深入研究发生的原因，而数据挖掘则主要了解发生的原因，并且以一定的置信度对未来进行预测，以便为决策行为提供有力的支持。数据挖掘的研究融合了多个不同学科领域的技术与成果，使得目前的数据挖掘方法表现出多种多样的形式。从统计分析类的角度来说，统计分析技术中使用的数据挖掘模型有线性分析、非线性分析、回归分析、逻辑回归分析、单变量分析、多变量分析、时间序列分析、最近序列分析、最近邻算法和聚类分析等方法。利用这些技术可以检查那些异常形式的数据，然后，利用各种统计模型和数学模型解释这些数据，解释隐藏在这些数据背后的市场规律和商业机会。知识发现类数据挖掘技术是一种与统计分析类数据挖掘技术完全不同的挖掘技术，包括人工神经元网络、支持向量机、决策树、遗传算法、规则发现和关联顺序等。

1.3.1　统计方法

传统的统计学为数据挖掘提供了许多判别和回归分析方法，常用的有贝叶斯推理、回归分析、方差分析等技术。贝叶斯推理是在知道新的信息后修正数据集概率分布的基本工具，用于处理数据挖掘中的分类问题。回归分析用于找到一个输入变量和输出变量关系的最佳模型，在回归分析中有用来描述一个变量的变化趋势和别的变量值的关系的线性回归，还有用来为某些事件发生的概率建模为预测变量集的对数回归。统计方法中的方差分析一般用于分析估计回归直线的性能和自变量对最终回归的影响，是许多挖掘应用中有力的工具之一。

统计学体系可以分为两大类，一类是描述统计学，另一类是推论统计学。把一些数据收集到一起，作图作表，求平均值或者看倾向的统计学叫作描述统计学。从总体中取出一部分样本，通过样本的特点去推论总体的特点，这种统计学叫作推论统计学。这一体系与前文提到的描述性挖掘和预测性挖掘在目标上十分相近。所以统计学的方法为我们认识事物的特征和预测事物的发展提供了另外一种途径和方法。

相关分析和回归分析既是用于描述性挖掘的方法，也是常用于预测性挖掘的手段。

1.3.2　关联规则

关联规则是一种简单实用的分析规则，它描述了一个事物中某些属性同时出现的规律和模式，是数据挖掘中最成熟的主要技术之一。它是由 R. Agrawal 等人首先提出的，最经典的关联规则的挖掘算法是 Apriori，该算法先挖出所有的频繁项集，然后由频繁项集产生关联规则，许多关联规则频繁项集的挖掘算法都是由它演变而来的。关联规则在数据挖掘领域应用很广泛，适用于在大型数据集中发现数据之间的有意义关系，原因之一是它不受只选择一个因变量的限制，关联规则在数据挖掘领域最典型的应用是购物篮分析。大多数关联规则挖掘算法能够无遗漏地发现隐藏在所挖掘数据中的所有关联关系，所挖掘出的关联规则量往往非常巨大，但并不是所有通过关联得到的属性之间的关系都有实际应用价值，对这些关联规则进行有效的评价，筛选出用户真正感兴趣的、有意义的关联规则尤为重要。

1.3.3　聚类分析

聚类分析是根据所选样本间关联的标准将其划分成几个组，同组内的样本具有较高的相似度，不同组的则相异，常用的技术有分裂算法、凝聚算法、划分聚类和增量聚类。聚类方法适合于探讨样本间的内部关系，从而对样本结构做出合理的评价。此外，聚类分析还用于对孤立点的检测。有时进行聚类不是为了将对象相聚在一起，而是为了更容易地使某个对象从其他对象中分离出来。聚类分析已被应用于经济分析、模式识别、图像处理等多个领域，尤其在商业上，聚类分析可以帮助市场人员发现顾客群中所存在的不同特征组群。除了算法的选择之外，聚类分析的技术关键就是对样本的度量标准的选择。并非由聚类分析算法得到的类对决策都有效，在运用某一个算法之前，一般要先对数据的聚类趋势进行检验。

1.3.4 决策树方法

分类是从样本集中提取描述事物类别的一个函数或模型（分类器），并把样本集中的每个对象归结到某个已知的对象类中。决策树是一种常用的分类方法。决策树学习是一种逼近离散值目标函数的方法，通过把实例从根节点排列到某个叶子节点来分类实例，叶子节点即为实例所属的分类。树上的每个节点指定了对实例的某个属性的测试，该节点的每一个后继分支对应于该属性的一个可能值，分类实例的方法是从这棵树的根节点开始，测试这个节点指定的属性，然后按照给定实例的该属性值对应的树枝向下移动。

1.4 深度学习与强化学习

如前所述，机器学习研究从观测数据（样本）出发寻找规律，利用这些规律对未来数据或无法观测的数据进行预测。在这一基本思想基础上又产生了许多不同于传统机器学习的方法。深度学习和强化学习是其中两类典型代表。根据学习模式、学习方法以及算法的不同，机器学习存在不同的分类方法。

（1）根据学习模式不同将机器学习分为有监督学习、无监督学习和强化学习等。

有监督学习是利用已标记的有限训练数据集，通过某种学习策略/方法建立一个模型，实现对新数据/实例的标记（分类）/映射，最典型的监督学习算法包括回归和分类。监督学习要求训练样本的分类标签已知，分类标签精确度越高，样本越具有代表性，学习模型的准确度越高。监督学习在自然语言处理、信息检索、文本挖掘、手写体辨识、垃圾邮件侦测等领域获得了广泛应用。

无监督学习是利用无标记的有限数据描述隐藏在未标记数据中的结构/规律，最典型的无监督学习算法包括单类密度估计、单类数据降维、聚类等。无监督学习不需要训练样本和人工标注数据，便于压缩数据存储、减少计算量、提升算法速度，还可以避免正、负样本偏移引起的分类错误问题。其主要用于经济预测、异常检测、数据挖掘、图像处理、模式识别等领域，如组织大型计算机集群、社交网络分析、市场分割、天文数据分析等。

强化学习是一种新的学习形式。在强化学习中，计算机自己从样本中学习，自己从样本中寻找答案进行判断。强化学习不仅拓展了机器学习的外延，而且丰富了机器学习的内涵。强化学习是智能系统从环境到行为映射的学习，以使强化信号函数值最大。由于外部环境提供的信息很少，强化学习系统必须靠自身的经历进行学习。强化学习的目标是学习从环境状态到行为的映射，使得智能体选择的行为能够获得环境最大的奖赏，使得外部环境对学习系统在某种意义下的评价为最佳。其在机器人控制、无人驾驶、下棋、工业控制等领域获得了成功应用。贝叶斯学习是一种基于已知的概率分布和观察到的数据进行推理，做出最优决策的概率手段，是强化学习中一种有代表性的方法。

（2）根据学习方法不同可以将机器学习分为传统机器学习和深度学习。

传统机器学习从一些观测（训练）样本出发，试图发现不能通过原理分析获得的规律，实现对未来数据行为或趋势的准确预测。相关算法包括逻辑回归、K近邻方法、贝叶斯方法以及决策树方法等。传统机器学习平衡了学习结果的有效性与学习模型的可解释性，为解决有限样本的学习问题提供了一种框架，主要用于有限样本情况下的模式分类、回归分析、概率密度估计等。传统机器学习方法共同的重要理论基础之一是统计学，在自然语言处理、语音识别、图像识别、信息检索和生物信息等许多计算机领域获得了广泛应用。

深度学习实质是给出了一种将特征表示和学习合二为一的方式。深度学习的特点是放弃了可解释性，单纯追求学习的有效性。经过多年的摸索尝试和研究，目前已经产生了诸多复杂的深度神经网络的模型，其中卷积神经网络、循环神经网络是两类典型的模型。卷积神经网络常被应用于空间性分布数据；循环神经网络在神经网络中引入了记忆和反馈，常被应用于时间性分布数据。除了神经网络，深度学习中常见的方法还包括遗传算法和支持向量机等。

1.4.1　神经网络

神经网络建立在自学习的数学模型基础之上，能够对大量复杂的数据进行分析，并可以完成对人脑或其他计算机来说极为复杂的模式抽取及趋势分析。神经网络既可以表现为有指导的学习，也可以是无指导聚类，无论哪种，输入到神经网络中的值都是数值型的。人工神经元网络模拟人脑神经元结构，以 MP 模型和 Hebb 学习规则为基础，建立三大类多种神经元网络，具有非线性映射特性、信息的分布存储、并行处理和全局集体的作用、高度的自学习、自组织和自适应能力的种种优点。前馈神经元网络以感知器网络、BP 网络等为代表，可以用于分类和预测等方面；反馈式网络以 Hopfield 网络为代表，用于联想记忆和优化计算；自组织网络以 ART 模型、Kohonon 模型为代表，用于聚类。

1.4.2　遗传算法

遗传算法是一种受生物进化启发的学习方法，通过变异和重组当前已知的最好假设来生成后续的假设。每一步，通过使用目前适应性最高的假设的后代替代群体的某个部分，来更新当前群体的一组假设，以提高各个个体的适应性。遗传算法由三个基本过程组成：繁殖（选择）是从一个旧种群（父代）选出生命力强的个体，产生新种群（后代）的过程；交叉（重组）是选择两个不同个体（染色体）的部分（基因）进行交换，形成新个体的过程；变异（突变）是对某些个体的某些基因进行变异的过程。在数据挖掘中，遗传算法可以被用作评估其他算法的适合度。

1.4.3　支持向量机

支持向量机（SVM）是在统计学习理论的基础上发展出来的一种新的机器学习方法。它基于结构风险最小化原则，尽量提高学习机的泛化能力，具有良好的推广性能和较好的分类精确性，能有效地解决学习问题，现已成为训练多层感知器、RBF 神经网络和多项式神经元网络的替代性方法。另外，支持向量机算法是一个凸优化问题，局部最优解一定是全局最优解，这些特点都是包括神经元网络在内的其他算法所不能及的。支持向量机可以应用于数据挖掘的分类、回归、对未知事物的探索等方面。

除上述方法外，还有把数据与结果转化和表达成可视化技术、云模型方法和归纳逻辑程序等方法。

此外，机器学习的常见算法还包括迁移学习、主动学习和演化学习等。

迁移学习是指当在某些领域无法取得足够多的数据进行模型训练时，利用另一领域数据获得的关系进行的学习。迁移学习可以把已训练好的模型参数迁移到新的模型指导新模型训练，从而更有效地学习底层规则、减少数据量。目前的迁移学习技术主要在变量有限的小规模应用中使用，如基于传感器网络的定位、文字分类和图像分类等。未来迁移学习将被广泛应用于解决更有挑战性的问题，如视频分类、社交网络分析、逻辑推理等。

主动学习通过一定的算法查询最有用的未标记样本，并交由专家进行标记，然后用查询到的样本训练分类模型来提高模型的精度。主动学习能够选择性地获取知识，通过较少的训练样本获得高性能的模型，最常用的策略是通过不确定性准则和差异性准则选取有效的样本。

演化学习对优化问题性质要求极少，只需能够评估解的好坏即可，适用于求解复杂的优化问题，也能直接用于多目标优化。演化算法包括粒子群优化算法、多目标演化算法等。目前针对演化学习的研究主要集中在演化数据聚类、对演化数据更有效地分类，以及提供某种自适应机制以确定演化机制的影响等。

从整体上看，机器学习是一门涉及统计学、系统辨识、逼近理论、神经网络、优化理论、计算机科学、脑科学等诸多领域的交叉学科。它研究计算机怎样模拟或实现人类的学习行为，以获取新的知识或技能，重新组织已有的知识结构使之不断改善自身的性能，是人工智能诸多技术的核心。

以上列举了常见的一些机器学习的方法，总的来看，机器学习方法种类繁多、内容丰富；但这些方法之间是否存在某种联系？是否可以从一个统一的角度来看待和理解机器学习、深度学习与强化学习呢？本书将围绕这些问题进行探讨。

1.5　本章小结

科学与技术的实现是现代数学与计算科学共同作用的结果。因此，在交换经济中，各种现实问题的解决，取决于问题的现代数学描述，也取决于计算水平的提高。

学习、认知并做出正确反应是生物中枢神经系统的高级整合技能之一，是人类获取知识的重要途径和人类智能的重要标志，而机器学习则是计算机获取知识的重要途径和人工智能的重要标志，是一门研究怎样用计算机来模拟或实现人类学习活动的学科，是人工智能中最具有智能特征的前沿研究领域之一，对人类大脑活动的仿生不断有启发性的新发现。

机器学习、深度学习与强化学习之间是否有着密切的联系？如果有的话，这种联系是什么？仅仅都是数据驱动这么简单吗？还有，机器的智能与人类的智能在学习、认知和行为上究竟存在怎样的联系？本书尝试对这些问题进行诠释，从理论上进行阐述并通过实例进行解释说明。另外，目前国内关于机器学习和数据挖掘的著作，多强调方法与应用，并且有些出版的著作论述较为晦涩。本书希望能从一个不同角度为认识和理解机器学习提供方法和途径。

第二章

分类与回归

　　分类是数据挖掘的主要内容之一，是机器学习中的一种重要的数据分析形式。分类即通过找出数据集中的一组数据对象的共同特点，并按照分类模式将其划分为不同的类，其目的是通过分类模型和规则，将数据库中的数据项映射到某个给定的类别中。它提取刻画重要数据类的模型，这种模型成为分类器。通过分类分析可以更好地全面理解数据，无论是分类提取出来的最终规则还是分类的整个过程，都能提取出对挖掘者十分有意义的信息。从某种意义上说，数据挖掘的目标就是根据样本数据形成的类知识对源数据进行分类，进而可以预测未来数据的归类。

　　数据分类是一个由两个步骤组成的过程。

　　一个步骤是学习，建立一个模型，描述给定的数据类集或概念集（简称训练集）。通过分析由属性描述的数据库元组来构造模型。每个元组属于一个预定义的类，由类标号属性确定。用于建立模型的元组集称为训练数据集,其中每个元组称为训练样本。由于给出了类标号属性,因此该步骤又称为有监督的学习(分类)。学习模型可用分类规则、决策树和数学公式的形式给出。

另一个步骤是分类,使用模型对测试数据进行分类。包括评估模型的分类准确性以及对类标号未知的元组按模型进行分类。

分类方法常用如下标准进行评估:

准确率:模型正确预测新数据类标号的能力。

速度:产生和适用模型花费的时间。

健壮性:有噪声数据或空缺值数据时模型正确分类或预测的能力。

伸缩性:对于给定的大量数据,有效地构造模型的能力。

可解释性:学习模型提供的理解和观察的层次。

2.1 常用的分类方法

2.1.1 决策树分类

决策树是一种由节点和有向边组成的层次结构,采用自顶向下递归的分支方式构造。树的最顶层节点是根节点,内部节点表示在一个属性上的测试,每个分支代表一个测试输出,叶节点代表类的分布。决策树很擅长处理非数值型数据,可免去很多数据预处理工作,优点在于直观性和易理解性,是目前应用较为广泛的分类技术。

决策树方法是一种归纳学习方法。其经典算法——ID3 算法是由 Quinlan 首先提出的,具有描述简单、分类速度快的优点,适合于大规模数据的处理,绝大多数决策树算法都是在它的基础上加以改进而实现的。ID3 算法利用特征增益大小作为分枝属性选择的启发式函数,选择信息增益最大的特征作为分枝属性来建立决策树，然后把决策树转化为规则，利用这些规则可以对事例进行分类。除了 ID3 算法，后面又发展出 C4.5 算法、CART 算法、Assi-stant 算法、Sliq 算法、Sprint 算法等。决策树方法的缺点是对于大型数据库的可伸缩性问题、对于非平衡数据的分类问题，剪枝会造成精确率的降低。

决策树算法训练过程如图 2-1。

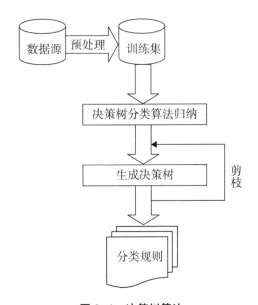

图 2-1　决策树算法

（1）设 S 是 s 个数据样本的集合。假定类标号属性具有 m 个不同值，定义 m 个不同类 $C_i(i=1,2,\cdots,m)$。设 s_i 是类 C_i 中的样本数。对一个给定的样本分类所需要的期望信息如下：

$$I(S_1,S_2,\cdots,S_m) = -\sum_{i=1}^{m} p_i\log_2 p_i \tag{2-1}$$

其中 p_i 是任意样本属于 C_i 的概率，并用 $\dfrac{S_1}{S}$ 估计。

（2）设属性 A 具有 v 个不同值 $\{a_1,a_2,\cdots,a_v\}$。用属性 A 将 S 划分为 v 个子集 $\{S_1,S_2,\cdots,S_v\}$，设 S_{ij} 是子集 S_j 中类 C_i 的样本数。由 A 划分成子集的熵表示如下：

$$E(A) = \sum_{j=1}^{v} \frac{s_{1j} + s_{2j} + \cdots + s_{mj}}{s} I(s_{1j}, s_{2j}, \cdots, s_{mj}) \qquad (2-2)$$

（3）在 A 分枝将获得的信息增益表示为：

$$Gain(S,A) = I(s_1, s_2, \cdots, s_m) - E(A) \qquad (2-3)$$

例：随机抽取了某样本数据，调查其 V_1、V_2、V_3、V_4 和 V_5 属性，作为分类的源数据，见表 2-1。

表 2-1　某样本数据

ID	V_1	V_2	V_3	V_4	V_5
1	<30	High	No	Fair	No
2	<30	High	No	Excellent	No
3	30~40	High	No	Fair	Yes
4	>40	Medium	No	Fair	Yes
5	>40	Low	Yes	Fair	Yes
6	>40	Low	Yes	Excellent	No
7	女	Low	Yes	Excellent	Yes
8	<30	Medium	No	Fair	No
9	<30	Low	Yes	Fair	Yes
10	>40	Medium	Yes	Fair	Yes
11	<30	Medium	Yes	Excellent	Yes
12	30~40	Medium	No	Excellent	Yes

续表

ID	V_1	V_2	V_3	V_4	V_5
13	30~40	High	Yes	Fair	Yes
14	>40	Medium	No	Excellent	No

对源数据使用决策树算法中经典的 ID3 算法计算给定样本分类的信息增益：

首先，考察并计算属性 V_1 的每个样本值的 yes 和 no 的分布。对每个分布计算期望信息为：

$$I(s_1,s_2) = I(9,5) = -(\frac{9}{14} \times \log_2 \frac{9}{14} + \frac{5}{14} \times \log_2 \frac{5}{14}) = 0.940 \quad (2-4)$$

其次，计算每个属性的熵。

$$E(V_1) = \frac{5}{14}I(s_{11},s_{21}) + \frac{4}{14}I(s_{12},s_{22}) + \frac{5}{14}I(s_{13},s_{23}) = 0.694 \quad (2-5)$$

所以，这种划分的信息增益是

$$G(V_1) = I(s_1,s_2) - E(V_1) = 0.246 \quad (2-6)$$

同样可以计算其他属性的信息增益，得到 V_1 最大并选作测试属性。用 V_1 来标记节点，并对每个属性值引出分枝。

按照上述方法依次向下整理出完整的决策树，如图 2-2 所示：

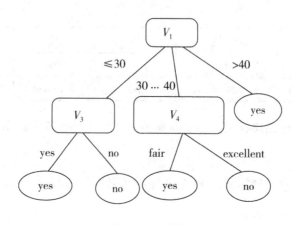

图2-2　决策树

将最终决策树转换成 IF-THEN 分类规则：

R1：IF　V_1 大于 40 THEN V_5 为 yes

R2：IF　V_1 小于等于 30 AND V_3 是 yes THEN V_5 为 yes

R3：IF　V_1 在 30~40 AND V_4 是 fair THEN V_5 为 yes

2.1.2　贝叶斯分类

贝叶斯分类是一种统计学方法，它基于贝叶斯后验概率定理，主要应用于分类条件独立的朴素贝叶斯和表示属性集间依赖关系的贝叶斯信念网络。其中，贝叶斯信念网络是描述数据变量之间概率关系的图形模型，用一个带有概率注释的有向无环图表示，它适合处理不完整数据，对有属性缺失的实例可以通过对该属性中的可能取值的概率求和或求积分来加以处理，在图像处理、文字处理（网站智能搜索）、支持决策方面都有很多应用。

朴素贝叶斯分类算是贝叶斯算法中的一种，朴素贝叶斯分类是一种十分简单的分类算法，它的思想是：对于给出的待分类项，求解在此项出现的条件下各个类别出现的概率，哪个最大，就认为此待分类项属于哪个类别。在没有其他可用信息时，选择条件概率最大的类别。

与决策树模型相比，朴素贝叶斯分类器（Naive Bayes Classifier，NBC）发源于古典数学理论，有着坚实的数学基础和稳定的分类效率。同时，NBC 模型所需估计的参数很少，对缺失数据不太敏感，算法也比较简单。理论上，与其他分类方法相比，NBC 模型具有最小的误差率。但是实际上并非总是如此，这是因为 NBC 模型假设属性之间相互独立，这个假设在实际应用中往往是不成立的，这给 NBC 模型的正确分类带来了一定影响。

解决这个问题的方法一般是建立一个属性模型，将不相互独立的属性进行单独处理。例如，中文文本分类识别的时候，可以建立一个字典来处理一些词组。如果发现特定的问题中存在特殊的模式属性，那么就单独处理。

如上所述，贝叶斯分类利用统计学中的贝叶斯定理，来预测类成员的概率，即给定一个样本，计算该样本属于一个特定的类的概率。朴素贝叶斯分类假设每个属性之间都是相互独立的，并且每个属性对给定类产生的影响都是一样的。

$$P(h|D) = P(D|h)P(h)/P(D) \qquad (2-7)$$

先验概率，即无条件概率 $P(h)$。

后验概率，即有条件概率 $P(h|D)$。

贝叶斯分类方法在理论上论证得比较充分，在应用上也非常广泛。

贝叶斯分类方法的分类过程是，首先将每个数据样本用一个 n 维特征向量 $X = \{x_1, x_2, \cdots, x_n\}$ 表示，其中 x_k 是属性 A_k 的值。

所有的样本分为 m 类：$C_1, C_2, \cdots, C_m$。

将一个未知的样本分配给类 C_i，当且仅当 $P(C_i|X) > P(C_j|X)$（$1 \leqslant j \leqslant m$，$j \neq i$），即如果在条件 X 下，数据记录属于 C_i 类的概率大于属于其他类

的概率的话，贝叶斯分类将这样本归类为 C_i 类。

根据贝叶斯定理：

$$P(C_i|X) = P(X|C_i)P(C_i)/P(X) \qquad (2\text{-}8)$$

由于 $P(x)$ 为常数，只需要 $P(X|C_i)P(C_i)$ 最大即可。类的先验概率可以用 $P(C_i) = S_i/S$ 计算，其中 S_i 是类 C_i 中的训练样本数，而 S 是训练样本总数。

同时，为了降低计算的开销，可以做个假定：假定属性值相互条件独立。这样一来，概率 $P(x_1|C_i), P(x_2|C_i), \cdots, P(x_n|C_i)$ 由训练样本估值，如式（2-9）：

$$P(x_k|C_i) = S_{ik}/S_i \qquad (1 \leqslant k \leqslant n) \qquad (2\text{-}9)$$

其中，S_{ik} 是在属性 A_k 上具有值 x_k 的类 C_i 的样本数，S_i 是 C_i 中的样本数，S 是总样本数。

贝叶斯方法的薄弱环节在于，实际情况下，类别总体的概率分布和各类样本的概率分布函数（或密度函数）常常是不知道的。为了获得它们，就要求样本足够大。另外，贝叶斯方法要求表达文本的主题词相互独立，这样的条件在实际文本中一般很难满足，因此该方法往往在效果上难以达到理论上的最大值。

贝叶斯分类构成了强化学习的基础，使得强化学习成为机器学习的衍生形式。本书第六章将对此过程进行详细的介绍。

2.1.3　神经网络

神经网络构成了深度学习的基础，使得深度学习成为机器学习的衍生形式。本书第五章将对此过程进行详细的介绍。

2.1.4　支持向量机

支持向量机（Support Vector Machine，SVM）是 20 世纪 90 年代中期在统计学习理论基础上发展起来的一种新型的机器学习方法。支持向量机采用结构风险最小化准则训练学习机器，其建立在严格的理论基础之上，较好地解决了非线性、高维数、局部极小点等问题，成为继神经网络研究之后机器学习领域新的研究热点。支持向量机还有很多尚未解决或尚未充分解决的问题，在应用方面具有很大的潜力。因此，支持向量机是一个十分值得大力研究的领域。

SVM 算法是建立在统计学习理论基础上的机器学习方法。通过学习算法，SVM 可以自动寻找出那些对分类有较好区分能力的支持向量，由此构造出的分类器可以最大化类与类的间隔，因而有较好的适应能力和较高的分准率。该方法只需要由各类域的边界样本的类别来决定最后的分类结果。

支持向量机算法的目的在于寻找一个超平面 $H(d)$，该超平面可以将训练集中的数据分开，且与类域边界的沿垂直于该超平面方向的距离最大，故 SVM 算法亦被称为最大边缘（maximum margin）算法。待分样本集中的大部分样本不是支持向量，移去或者减少这些样本对分类结果没有影响，SVM 算法对小样本情况下的自动分类有着较好的分类效果。

需要说明的是，在支持向量机算法的使用过程中，由于求解过程的复杂性，通常会与遗传算法结合使用。遗传算法是模拟生物进化过程的全局优化方法，较劣的初始解通过一组遗传算子的选择、交叉、变异，在求解空间按一定的随机规则迭代搜索，直到求得问题的最优解。遗传算法具有的隐含并行性、易于和其他模型结合等性质，使它涉足于数据挖掘领域，表现在以下几个方面：①用它和 SVM 算法结合进行训练提取规则；②分类系统的设计，目前研究重点是一些基本设计方法，如编码方式、信任分配函数的设计以及遗传算法的改进上。遗传算法用于数据挖掘存在的问题是：算法较复杂，收敛于局部极小的过早收敛等难题未得到解决。

支持向量机为分类提供了一个很好的数学解释。本章将在下一节对此进行详细的介绍。

需要补充说明的是，神经网络也是一种有效的分类方法。由于神经网络构成了深度学习的基础，深度学习成为机器学习的衍生形式。本书第五章将对神经网络进行详细介绍。

2.2　分类的数学解释

通过前面的分析，可以看出其分类展示了这样一种学习形式：形成一个空间拓扑，有输入的测量值或样本值，有输出的分类值。从几何上看，这种学习形式的结构特点是：多个平面相互切割构成了空间拓扑，拓扑有样本值输入，有平面结构输出；各个平面共同协作描述事物规律；多变量协作共同作用（经常是非线性），通过评测函数不断反馈以调整探索方向。在这方面，支持向量机给出了很好的数学解释。

支持向量机的目的就是在空间中寻找一个超平面来对空间样本进行分割，把样本中的正例和反例用超平面分开，同时使正例和反例两个类别（正样本点和负样本点）之间的间隔最大。在 n 维空间中的超平面是 $n-1$ 维的，用 $\boldsymbol{\omega}^{\mathrm{T}}x+b=0$ 表示。公式中的 $\boldsymbol{\omega}$ 为可以调整的系数向量。考虑样本集合 $\{x_i, d_i\}$，x_i 是输入的特征，d_i 是样本对应的分类。例如，可以设定：当样本 x_i 属于第一类时，d_i 为 1；当 x_i 属于第二类时，d_i 为-1。

以线性可分离情况为例，线性可分即可以用一个超平面把两类样本完全地分割开。用公式表达就是：

$$\left.\begin{array}{l} \boldsymbol{\omega}^{\mathrm{T}}x_i+b>0, \quad d_i=+1 \\ \boldsymbol{\omega}^{\mathrm{T}}x_i+b<0, \quad d_i=-1 \end{array}\right\} \qquad (2\text{-}10)$$

对于线性可分离的样本空间，通过寻找一个分割超平面 $\boldsymbol{\omega}_0^{\mathrm{T}}x_i+b_0=0$，同时调整 $\boldsymbol{\omega}_0$ 和 b_0，让它分割的正样本和负样本保持最大的间隔，就得到了最优的超平面。对于线性可分离的问题，可以设想构造两个与分割超平面平行的超平面，这两个超平面保持平行状态向两侧运动，使得两类样本点分别位于这两个平面的一侧，且两个超平面之间不含样本点。即调整到最后的结果肯定是，超平面离两侧最近点的距离是等距的，或者说超平面到正样本最近点的距离和超平面到负样本最近点的距离是相等的。反过来说，如果先存在这样两个超平面，尽量使这样的两个超平面之间的距离最大，即为最优的判别策略，然后取位于两平行超平面中间的平面就可以得到分割超平面。

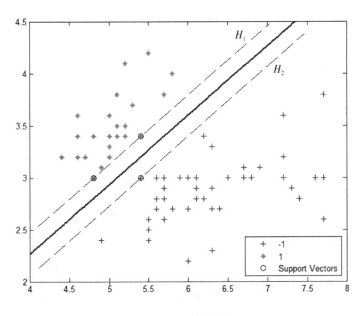

图 2-3　分割超平面

　　为了更形象地表现正负样本的间隔，在分割超平面的两侧再定义两个超平面 H_1 和 H_2（如图2-3中虚线所示），这两个超平面分别通过正样本和负样本中离分割超平面最近的样本点（图2-3中加了外圈）。从以上分析可以知道，超平面 H_1 和 H_2 与分割超平面是等距的。

　　定义超平面 H_1 和 H_2 上面的点叫作支持向量。正负样本的间隔可以定义为超平面 H_1 和 H_2 之间的间隔，它是分割超平面距最近正样本点距离和最近负样本点距离之和。从图2-3中可以看出，支持向量对于分割超平面的位置确定是起到关键作用的。在优化分割超平面位置之后，支持向量明确下来，支持向量包含着重构分割超平面所需要的全部信息。

　　由凸集与凸集的分离定理可以看出 $\boldsymbol{\omega}_0$ 实际上是超平面的法向量。于是，对于任意一个样本点 $\boldsymbol{x}$，它可以表示为：

$$\boldsymbol{x} = \boldsymbol{x}_p + r \frac{\boldsymbol{\omega}_0}{\|\boldsymbol{\omega}_0\|} \tag{2-11}$$

　　其中 $\boldsymbol{x}_p$ 是 $\boldsymbol{x}$ 在超平面上的投影，r 是 $\boldsymbol{x}$ 到超平面的几何距离（几何间隔）。

　　设 $g(\boldsymbol{x}) = \boldsymbol{\omega}_0^{\mathrm{T}} + b_0$，现在定义 $g(\boldsymbol{x}_p)$ 为 0，则有 $g(\boldsymbol{x}) = \boldsymbol{\omega}_0^{\mathrm{T}} \boldsymbol{x} + b_0 = r\|\boldsymbol{\omega}_0\|$。$g(\boldsymbol{x})$ 实际上度量了样本点 $\boldsymbol{x}$ 到超平面的距离，在 $\|\boldsymbol{\omega}_0\|$ 恒定的情况下，$g(\boldsymbol{x})$ 绝对值的大小反映了几何间隔 r 的大小，称为函数间隔。几何间隔 r 和函数间隔 $g(\boldsymbol{x})$ 都是有正负号的，代表着处于超平面的不同侧。由此得到了函数间隔和几何间隔的表示。如前所述，最大化支持向量到分割超平面的距离实质就是最大化几何间隔 r，如式（2-11），这个问题等价于固定函数间隔 $g(\boldsymbol{x})$ 的绝对值为1，然后最小化 $\|\boldsymbol{\omega}_0\|$。也就是说，把支持向量到分割超平面的函数间隔 $g(\boldsymbol{x})$ 的绝对值设定为1，然后最小化 $\|\boldsymbol{\omega}_0\|$。

　　基于限定条件，把支持向量到分割超平面的函数间隔 $g(\boldsymbol{x})$ 设定为1，

然后最小化$\|\boldsymbol{\omega}_0\|$。把支持向量对应的$g(\boldsymbol{x})$设定为+1或者-1（取决于支持向量处于分割超平面的哪一侧，也就是说是正样本还是负样本），也就表明了对于所有的正样本点来说，$g(\boldsymbol{x}) \geqslant +1$，而对于负样本来说，$g(\boldsymbol{x}) \leqslant -1$。

回想$g(\boldsymbol{x})$的定义：

$$g(\boldsymbol{x}) = \boldsymbol{\omega}_0^{\mathrm{T}}\boldsymbol{x} + b_0 \tag{2-12}$$

可以把限制条件写下来：

$$\left.\begin{array}{ll} \boldsymbol{\omega}_0^{\mathrm{T}}x_i + b_0 \geqslant 1 & d_i = +1 \\ \boldsymbol{\omega}_0^{\mathrm{T}}\boldsymbol{x}_i + b_0 \leqslant -1 & d_i = -1 \end{array}\right\} \tag{2-13}$$

由此，现在可以把上面的问题描述得更简练，

目标函数：

$$\frac{1}{2}\boldsymbol{\omega}^{\mathrm{T}}\boldsymbol{\omega} \tag{2-14}$$

约束条件：

$$d_i(\boldsymbol{\omega}^{\mathrm{T}}\boldsymbol{x}_i + b) \geqslant 1 \qquad i = 1, 2, \cdots, N \tag{2-15}$$

其中，1/2是为了以后计算方便所加的，N是样本点的个数。

由此可给出支持向量机的定义：

定义：如果数据点使不等式约束（2-15）式中的等号成立，则称相应的$\boldsymbol{x}_i$为支持向量（support vector），称对应的超平面$d_i(\boldsymbol{\omega}^{\mathrm{T}}\boldsymbol{x}_i + b) \geqslant 1$ $(i=1,2,\cdots,N)$为支持超平面。用最大化支持超平面的距离来得到线性分类器的方法称为支持向量机方法。

式（2-14）和式（2-15）的含义就是求解两个最大距离的支持超平面，从几何直观的认识来看，该方法是稳健（Robust）的，即对任一个样本点稍微做一点改变，对样本分类判别的准确度的影响并不显著。

在对线性可分离情况进行讨论的基础上，可以进一步推导出线性不可分离情况下支持向量机的数学优化表示。把约束改成软间隔约束，即允许某些点破坏这两个约束条件，但对于破坏约束的点予以惩罚。得到基于软间隔约束的新模型如下：

$$\min_{\boldsymbol{\omega},b} = \frac{1}{2}\|\boldsymbol{\omega}\|^2 + C\sum_{i=1}^{m}\xi_i \tag{2-16}$$

s.t.
$$\left.\begin{array}{l} y(i)(\boldsymbol{\omega}^{\mathrm{T}}\boldsymbol{x}^{(i)} + b) \geqslant 1 - \xi_i,\ i = 1,\cdots,m \\[2mm] \xi_i \geqslant 0,\ i = 1,\cdots,m. \end{array}\right\} \tag{2-17}$$

引入非负参数 ξ_i（称为松弛变量）后，就允许某些样本点的函数间隔小于 1，即在最大间隔区间里面，或者函数间隔是负数，即样本点在对方的区域中。而放松限制条件后，需要重新调整目标函数，以对离群点进行惩罚，目标函数控制了离群点的数目和程度，使大部分样本点仍然遵守限制条件。

模型修改后，拉格朗日公式也要修改如下：

$$\mathscr{L}(\boldsymbol{\omega},b,\boldsymbol{\xi},\boldsymbol{\alpha},r) = \frac{1}{2}\boldsymbol{\omega}^{\mathrm{T}}\boldsymbol{\omega} + C\sum_{i=1}^{m}\xi_i - \sum_{i=1}^{m}\alpha_i[y^{(i)}(\boldsymbol{x}^{\mathrm{T}}\boldsymbol{\omega} + b) - 1 + \xi_i] - \sum_{i=1}^{m}r_i\xi_i \tag{2-18}$$

这里的 α_i 和 r_i 都是拉格朗日乘子，该问题的拉格朗日对偶问题可以用下式表示。

$$\max_{\alpha} W(\alpha) = \sum_{i=1}^{m} \alpha_i - \frac{1}{2} \sum_{i,j=1}^{m} y^{(i)} y^{(j)} \alpha_i \alpha_j \langle \boldsymbol{x}^{(i)}, \boldsymbol{x}^{(j)} \rangle \qquad (2\text{-}19)$$

s. t.
$$\left. \begin{array}{l} 0 \leqslant \alpha_i \leqslant C, \quad i = 1, \cdots, m \\[2mm] \sum_{i=1}^{m} \alpha_i y^{(i)} = 0 \end{array} \right\} \qquad (2\text{-}20)$$

得到上面问题的最优解 α 之后，就可进一步计算超平面的参数 $\boldsymbol{\omega}$、b。

将求得的超平面的参数 $\boldsymbol{\omega}$、b 代入 $f(x) = \mathrm{sgn}(\langle \boldsymbol{\omega}, \boldsymbol{x}_i \rangle + b)$ 中，得到最优的线性判别函数：

$$f(x) = \mathrm{sgn}\Big(\sum_{i=1}^{n} (\alpha_i y_i \langle \boldsymbol{x}_i, \boldsymbol{x} \rangle) + b \Big) \qquad (2\text{-}21)$$

从上述分析可以看出，样本数据的信息仅仅存在于样本向量两两内积之间，除此之外，样本数据对规划问题并没有其他作用。正是由于这点，可以利用特征映射和核方法拓展应用以解决非线性分类问题。在这种情况下，需要学习的目标函数的复杂度取决于它的表达方式，有时改变数学表达方式也许可以对学习任务的难度产生显著的影响，在理想的情况下，应该选择与特定的学习问题相匹配的数据表达方式。例如，样本数据在原始样本空间中线性不可分离，但是通过函数映射，将样本集映射到另外一个新的空间中去，在新的空间中有可能存在着较好的线性分类器。因此，在机器学习中一个普通的预处理策略为改变数据的表达方式：

$$\boldsymbol{x} = (\boldsymbol{x}_1, \cdots, \boldsymbol{x}_n) \to \varphi(\boldsymbol{x}) = (\varphi_1(\boldsymbol{x}), \cdots, \varphi_N(\boldsymbol{x})) \qquad (2\text{-}22)$$

这个步骤等价于将输入空间 X 映射到一个新的空间 $F = \{\varphi(\boldsymbol{x}) \mid \boldsymbol{x} \in X\}$。

将数据简单地映射到另外一个空间能够很好地完成任务，这个思想在机器学习中很常见，并且有很多选择数据最优表达形式的技术。

选择最合适表达式的任务叫作特征选择。空间 X 是指输入空间，而 $H = \{\varphi(x) : x \in X\}$ 则称为特征空间。

如前所述，由于目标函数和线性分类器构造出来的决策函数都有一个显著的特性，就是样本数据只出现在内积中，所以可以用函数映射 $\varphi(.)$ 将非线性学习器（在特征空间中为线性学习器）写成如下形式：

$$f(x) = \sum_{i=1}^{n} \alpha_i y_i \langle \varphi(x_i), \varphi(x) \rangle + b \qquad (2-23)$$

借助核函数可以在特征空间中直接计算内积 $\langle \varphi(x_i), \varphi(x) \rangle$，就像在原始输入点的函数中一样，从而就可以建立一个非线性的学习器，这种方法就是核函数方法。

定义：核是一个函数 K，对所有 $x, z \in X$，满足：

$$K(x,z) = \langle \varphi(x), \varphi(z) \rangle \qquad (2-24)$$

内积本身就是一个利用单位矩阵进行特征映射的特例，核函数的方法推广了输入空间的标准内积。常用的核函数有多项式核、Gauss 径向基函数、指数径向基函数、多层神经网络核、Fourier 级数核。核函数的方法在线性学习问题和非线性学习问题之间架起了一座桥梁，使得在线性学习领域所取得的成果可以很自然地推广到非线性学习领域，使非线性学习问题在概念上和计算上同线性学习问题一样清晰简洁。

2.3 回归分析

统计分析与之前讨论的数据挖掘方法在很多情况下同根同源，很多的数据挖掘方法起源于统计学。从知识发现的目的看，统计学无论是在描述性挖掘还是在预测性挖掘上都是前面介绍的数据挖掘方法的有益补充，或者可以认为统计分析的方法是数据挖掘方法的一个组成部分。

假设用 Y 表示因变量或响应变量，用 X 表示其他可能与 Y 有关的变量（X 也可能是若干变量组成的向量），则所需要的是建立一个函数关系 $Y=f(X)$，X 称为自变量，也称为解释变量或协变量。建立这种函数关系的过程就叫作回归。一旦建立了回归模型，除了对变量的关系有了进一步的定量理解之外，还可以利用该回归模型（函数）通过自变量对因变量做预测（prediction），即用已知的自变量的值通过模型对未知的因变量值进行估计。

在数学上，这种相关性可通过如下度量进行量化描述。

Pearson 相关系数又叫相关系数或线性相关系数。它一般用字母 r 表示。其计算方法如下所示：

$$
\begin{aligned}
\rho(X,Y) &= \frac{cov(X,Y)}{\sigma X \sigma Y} = \frac{E(X-\mu X)(Y-\mu Y)}{\sigma X \sigma Y} \\
&= \frac{E(XY)-E(X)E(Y)}{\sqrt{E(X^2)-E^2(X)}\sqrt{E(Y^2)-E^2(Y)}}
\end{aligned}
\tag{2-25}
$$

它由两个变量的样本取值得到，是一个描述线性相关强度的量，取值于 -1 和 1 之间。当两个变量有很强的线性相关时，相关系数接近于 1（正相关）或 -1（负相关）；而当两个变量不那么线性相关时，相关系数就接近于 0。

Kendallt 相关系数的度量原理是把所有的样本点配对，如果每一个点由 x 和 y 组成的坐标 (x,y) 代表，一对点就是诸如 (x_1,y_1) 和 (x_2,y_2) 的点对，然后看每一对中的 x 和 y 的观测值是否同时增加（或减少）。

例如，由点对(x_1, y_1)和(x_2, y_2)，可以算出乘积$(x_2-x_1)(y_2-y_1)$是否大于0；如果大于0，则说明x和y同时增长或同时下降，称这两点协同（concordant）；否则就是不协同。如果样本中协同的点数目多，两个变量就更加相关一些；如果样本中不协同（discordant）的点数目多，两个变量就不很相关。

Spearman秩相关系数和Pearson相关系数定义有些类似，只不过在定义中把点的坐标换成各自样本的秩（即样本点大小的"座次"）。Spearman相关系数的取值也在-1和1之间，也有类似的解释。通过它也可以进行不依赖于总体分布的非参数检验，计算公式如下所示：

$$\rho_s = 1 - \frac{6\sum d_i^2}{n(n^2 - 1)} \tag{2-26}$$

计算过程就是：首先对两个变量(X, Y)的数据进行排序，然后记下排序以后的位置(X', Y')，(X', Y')的值就称为秩次，秩次的差值就是上面公式中的d_i，n就是变量中数据的个数，最后代入公式就可求解结果。

上面三种相关的度量都是在其值接近1或-1时相关，而接近于0时不相关。到底如何才能够称为"接近"呢？这很难一概而论。但在计算机输出中都有和这些相关度量相应的检验和p-值，可以根据这些结果来判断是否相关。

Logistic回归属于非线性回归，是一种用于预测性挖掘的方法，常用于对数据的分类分析。对于独立变量$x_1, x_2, \cdots, x_n$，变量y等于1的概率定义如下：

$$p(y = 1 \mid x_1, x_2, \cdots, x_n) = \frac{e^{-(\alpha_1 x_1 + \alpha_2 x_2 + \cdots + \alpha_n x_n + \mu)}}{1 + e^{-(\alpha_1 x_1 + \alpha_2 x_2 + \cdots + \alpha_n x_n + \mu)}} \tag{2-27}$$

2.4 回归分析的数学解释

空间中的点隐含着两个集合之间或者多个集合之间的规律，这种规律或清晰或隐蔽。清晰的规律基于可视化，可以直接描述出来。隐蔽的规律也可能随着点连成线或由线形成面而显得清晰起来。这种规律或者知识最简单也最常见的表现就是两个集合或多个集合之间的变化关系。例如，一个集合中元素在增大或减小的同时，另一个集合中的元素也在增大或者减小。这是空间中样本点之间关系的简单情形，也是理解和分析空间中样本点之间关系的基础。

多集合之间的这种关系是通过超平面表现出来的。多个集合之间变化的关系具有复杂性。将多个集合之间的关系看作集合族，通过笛卡尔积连接在一起是一个有效的认识复杂性的方法。基于笛卡尔积到各集合的射影，使复杂的关系可以基于在其分量的投影得以简化并为求解问题提供了方法。当一个多集合的问题通过投影被转化为一系列两集合问题时，复杂平面的多维空间问题也被分解为一系列的二维平面的问题。

如前所述，集合是事物在空间中的表示。事物之间如果存在着因果关系，通过空间中样本点量化出这种因果关系，就得到回归方程式。回归的意义在于它提供了由点形成线、由线形成面的方法，通过投影为求解提供了方法。二维空间中的点通过连线之间的关系，可以求出平面中线的代数表达形式。

回归分析中的样本点在空间中或者平面中比较集中地呈正态分布且方差相同，并且回归分析中的多个集合之间彼此独立，不存在相关关系。

最小二乘法为回归分析提供了一种很好的数学解释。它提供了通过已知的样本集合映射到另一个贴近真实值集合的方法。为得到结果，需要简化计算的复杂度，将同时多维空间的逼近，变成沿着某一维度进行逼近，最后再进行合成。这种维度表现为空间的基，为了度量空间中的值的变化，需要确定原点，确定单位量。因此，这时的集合不仅是群，更进一步地说是环。

下面以 d 维实向量 x 作为输入、以实数值 $y = f(x)$ 的学习问题进行说明[3]。这里的真实函数关系是未知的，通过学习过程中作为训练集而输入输出的训练样本 $\{x_i, y_i\}_{i=1}^n$ 来对其进行学习。但是在一般情况下，输出样本 y_i 的真实值 $f(x_i)$ 经常会观测到噪声。

最小二乘学习法是对模型的输出 $f_\theta(x_i)$ 和训练集 $\{x_i, y_i\}_{i=1}^n$ 的平方误差，即

$$J_{LS}(\boldsymbol{\theta}) = \frac{1}{2} \sum_{I=1}^n (f_\theta(x_i) - y_i)^2 \tag{2-28}$$

式（2-29）为最小时的参数 $\boldsymbol{\theta}$ 进行学习：

$$\hat{\theta}_{LS} = \mathrm{argmin}_{\boldsymbol{\theta}} J_{LS}(\boldsymbol{\theta}) \tag{2-29}$$

LS 是 Least Squares 的首字母。另外，式（2-28）中之所以加上系数 1/2，是为了约去对 J_{LS} 进行微分时得到的 2。平方误差 $(f_\theta(x_i) - y_i)^2$ 是残差 $f_\theta(x_i) - y_i$ 的 l_2 范数，因此最小二乘学习法有时也称为 l_2 损失最小化学习法。

如果使用线性模型

$$f_\theta(x) = \sum_{j=1}^b \theta_i \varphi_i(x) = \boldsymbol{\theta}^T \varphi(x) \tag{2-30}$$

的话，训练样本的平方差 J_{LS} 就能够表示为下述形式：

$$J_{LS}(\boldsymbol{\theta}) = \frac{1}{2} \parallel \boldsymbol{\Phi}\boldsymbol{\theta} - \boldsymbol{y} \parallel^2 \tag{2-31}$$

在这里，$\boldsymbol{y} = (y_1, \cdots, y_n)$ 是训练输出的 n 维向量，在空间展开后，$\boldsymbol{\Phi}$ 是下式中定义的 $n \times b$ 阶矩阵，也称为设计矩阵。

$$\boldsymbol{\Phi} = \begin{pmatrix} \varphi_1(x_1) & \cdots & \varphi_b(x_1) \\ \cdots & \cdots & \cdots \\ \varphi_1(x_n) & \cdots & \varphi_b(x_n) \end{pmatrix} \tag{2-32}$$

训练样本的平方差 J_{LS} 的参数向量 $\boldsymbol{\theta}$ 的偏微分 $\nabla_{\theta} J_{LS}$ 以式（2-31）的形式给出，即将空间的向量按平方展开。

$$\nabla_{\theta} J_{LS} = \left(\frac{\partial J_{LS}}{\partial \theta_1}, \cdots, \frac{\partial J_{LS}}{\partial \theta_b} \right)^{\mathrm{T}} = \boldsymbol{\Phi}^{\mathrm{T}}\boldsymbol{\Phi}\boldsymbol{\theta} - \boldsymbol{\Phi}^{\mathrm{T}}\boldsymbol{y} \tag{2-33}$$

如果将其微分设置为 0，最小二乘解就满足关系式

$$\boldsymbol{\Phi}^{\mathrm{T}}\boldsymbol{\Phi}\boldsymbol{\theta} = \boldsymbol{\Phi}^{\mathrm{T}}\boldsymbol{y} \tag{2-34}$$

这个方程式的解 $\hat{\theta}_{LS}$ 使用设计矩阵 $\boldsymbol{\Phi}$ 的广义逆矩阵 $\boldsymbol{\Phi}^+$ 来进行计算，可以得出

$$\hat{\theta}_{LS} = \boldsymbol{\Phi}^{\mathrm{T}}\boldsymbol{y} \tag{2-35}$$

在这里，相对于只有方阵、非奇异矩阵才能定义逆矩阵，广义逆矩阵则是矩形矩阵或奇异矩阵都可以定义，是对逆矩阵的推广。$\boldsymbol{\Phi}^{\mathrm{T}}\boldsymbol{\Phi}$ 有逆矩阵

的时候，广义逆矩阵 $\boldsymbol{\Phi}^{\mathrm{T}}$ 可以用下式表示。

$$\boldsymbol{\Phi}^+ = (\boldsymbol{\Phi}^{\mathrm{T}}\boldsymbol{\Phi})^{-1}\boldsymbol{\Phi}^{\mathrm{T}} \qquad (2-36)$$

对顺序为 i 的训练样本的平方差通过权重 $\omega_i \geqslant 0$ 进行加权，然后再采用最小二乘法，这称为加权最小二乘学习法，即

$$\min_{\theta} \frac{1}{2} \sum_{i=1}^{n} \omega_i \left(f_{\theta}(x_i) - y_i\right)^2 \qquad (2-37)$$

加权最小二乘学习法，与没有权重时相同，即

$$(\boldsymbol{\Phi}^{\mathrm{T}}\boldsymbol{W}\boldsymbol{\Phi})^+ \boldsymbol{\Phi}^{\mathrm{T}}\boldsymbol{W}\boldsymbol{y} \qquad (2-38)$$

可以通过上式进行求解。但是，上式中的 $\boldsymbol{W}$ 是以 $\omega_1, \cdots, \omega_n$ 为对角元素的对角矩阵。

如前所说，基于环的回归问题的求解，是将真实值映射到各个基形成的平面上，然后再与该基上的因变量相比较。在计算中如果还需要 K 乘，则形成 K - 代数。空间中的点每乘上一次矩阵，就是将空间的复杂面进行一次旋转，得到它最后面对投影面的那一面。原因是矩阵就相当于将一个空间体通过多次旋转放到了一个复杂的位置，矩阵的处理就是将其调整到一个位置。

与空间对应的矩阵常见的一种分解是奇异值分解。奇异值分解的意义就是将原矩阵按奇异值进行分解后，拆分出的矩阵相当于将向量投射到一个空间中。设计矩阵 $\boldsymbol{\Phi}$ 的奇异值分解如下：

$$\boldsymbol{\Phi} = \sum_{k=1}^{\min(n,b)} \kappa_k \boldsymbol{\psi}_k \boldsymbol{\varphi}_k^{\mathrm{T}} \qquad (2-39)$$

κ_k、$\boldsymbol{\varphi}_k$、$\boldsymbol{\psi}_k$ 分别称为奇异值、左奇异向量、右奇异向量。奇异值全

部是非负的，奇异向量满足正交性。

$$\boldsymbol{\psi}_i^{\mathrm{T}} \boldsymbol{\psi}_{i'} = \begin{cases} 1 & (i=i') \\ 0 & (i \neq i') \end{cases} \qquad (2-40)$$

$$\boldsymbol{\varphi}_j^{\mathrm{T}} \boldsymbol{\varphi}_{j'} = \begin{cases} 1 & (j=j') \\ 0 & (j \neq j') \end{cases} \qquad (2-41)$$

进行奇异值分解后，$\boldsymbol{\Phi}$ 的广义逆矩阵 $\boldsymbol{\Phi}^+$ 就可以表示为式(2 - 42) 这样，基于 $\boldsymbol{\Phi}^+ = (\boldsymbol{\Phi}^{\mathrm{T}} \boldsymbol{\Phi})^{-1} \boldsymbol{\Phi}^{\mathrm{T}}$ 得到：

$$\boldsymbol{\Phi}^+ = \sum_{k=1}^{\min(n,\ b)} \boldsymbol{\kappa}_k^+ \boldsymbol{\varphi}_k \boldsymbol{\psi}_k^{\mathrm{T}} \qquad (2\text{-}42)$$

但是，$\boldsymbol{\kappa}^+$ 是标量 κ 的广义逆矩阵，

$$\boldsymbol{\kappa}^+ = \begin{cases} 1/\kappa & (\kappa \neq 0) \\ 0 & (\kappa = 0) \end{cases} \qquad (2\text{-}43)$$

因此，最小二乘解 $\hat{\theta}_{LS}$ 就可以表示为：

$$\hat{\theta}_{LS} = \sum_{k=1}^{\min(n,b)} \boldsymbol{\kappa}_k^+ (\boldsymbol{\varphi}_k \boldsymbol{y}) \boldsymbol{\psi}_k \qquad (2\text{-}44)$$

把最小二乘学习法中得到的函数的训练输入 $\{x_i\}_{i=1}^n$ 的输出值 $\{f_{\theta_{LS}\hat{}}(x_i)\}_{i=1}^n$，变换为列向量表示的话，可得到

$$(f_{\hat{\theta}_{LS}}(x_1), \cdots, f_{\hat{\theta}_{LS}}(x_2))^{\mathrm{T}} = \boldsymbol{\Phi} \hat{\theta}_{LS} = \boldsymbol{\Phi} \boldsymbol{\Phi}^+ \boldsymbol{y} \qquad (2\text{-}45)$$

显然上式中的 $\boldsymbol{\Phi}\boldsymbol{\Phi}^+$ 是 $\boldsymbol{\Phi}$ 的值域 $R(\boldsymbol{\Phi})$ 的正交投影矩阵，因此最小二乘学习法的输出向量 $\boldsymbol{y}$ 是由 $R(\boldsymbol{\Phi})$ 的正投影得到的。

如之前所述，由此可以得到回归问题的几何模型，如图2-4所示：

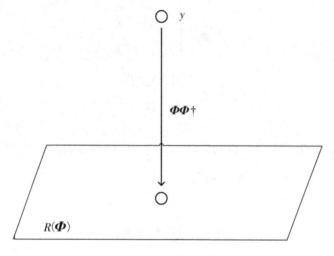

图2-4   回归的几何模型

上述讨论的是针对无约束的情况进行优化，对于有约束的情况可以参考本书分类与聚类中有条件约束下的优化分析。

2.5   本章小结

本章对分类的基本概念、原理进行了概述，并基于最优化理论对分类问题和回归问题进行了分析，为建立其在各种应用领域的数学模型奠定了基础。

这里没有谈到复杂的拓扑，或者说分析的都是非连通空间，对于连通空间的情况要先基于微分流形进行空间的划分处理，形成局部的非连通空间再使用上述方法。这一问题将在后面章节具体讨论。

第三章

特征选取

　　从理论上讲，只要搜集足够的维度信息，就可以构建出分析对象的完美模型。但从实际情况考虑，搜集过多的维度会占据过多的内存，维度和维度之间又会产生共线性等问题，导致计算机最终难以计算出正确结果。如何在保证信息足够的同时兼顾计算速度和能力，正是大数据分析迫切想要解决的问题。

　　降维分析算法正是为了解决这一问题而产生的。总的来说，降维分析算法的共同特点是将模型中较多的维度通过映射的方法变成较少的维度，从而达到减少计算量或改善变量间关系的目的。降维算法的一个重要特点是它特别善于与其他算法相结合，进而解决更复杂的问题。所以降维算法不但可以直接从数据分析中得出结论，也可以作为其他算法的前期工作。

　　当在降维的同时还能够保留维度对事物描述的精确程

度时，这种降维分析可以看作是对事物或者样本数据的特征提取。在机器学习中，特征提取属于数据预处理（data preprocessing）的范畴，数据预处理是指在主要的处理以前对数据进行的一些处理工作。由于现实世界中数据大体上都是不完整、不一致的脏数据，无法直接进行数据挖掘或挖掘结果不尽如人意，为了提高数据挖掘的质量，于是产生了数据预处理技术。数据预处理可为数据挖掘过程提供干净、准确、简洁的数据，提高数据挖掘效率和准确性，是数据挖掘中非常重要的环节。如图3-1所示，没有高质量的数据，就没有高质量的挖掘结构，高质量的决策必然依赖于高质量的数据。

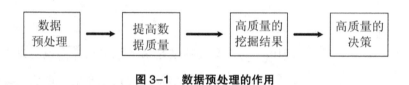

图3-1　数据预处理的作用

3.1　数据预处理的步骤

数据预处理有多种方法，按照数据预处理过程中的先后次序可以概括为以下四个步骤：数据清理、数据集成、数据选择和数据变换。这四个步骤涉及的数据处理技术在数据挖掘之前使用，可以大大提高数据挖掘模式的质量，减少实际挖掘所需要的时间。

数据清理通过填写缺失的值、光滑噪声数据、识别或删除离群点并解决不一致性来"清洗"数据。主要是达到如下目标：格式标准化、异常数据清除、错误纠正、重复数据的清除。

数据清理的原因在于数据通常存在质量问题，所谓数据多了，数据来源多了，什么数据问题都可能会有。常见的数据质量问题包括以下几个方面。

（1）空缺数据。

某些属性的内容缺失、某些数据在当时被认为是不必要的，或者由于误解、检测设备失灵导致相关数据没有被记录下来等情况都可能导致空缺数据的产生。空缺值一般可结合实际情况，用忽略元组、人工填写空缺值、使用一个全局常量填充空缺值、使用属性的平均值填充空缺值、使用与给定元组属同一类的所有样本的平均值填充空缺值和使用最可能的值填充空缺值等方法解决。

（2）噪声数据。

噪声数据包括数据中存在错误、异常（偏离期望值）等问题，数据采集设备存在问题，数据录入过程中发生人为或计算机造成的错误，数据传输过程中发生错误和由于命名规则或数据代码不同而引起的不一致。

噪声是一个测量变量中的随机错误或偏差。对于噪声，通常采用数据平滑技术去除噪声，包括分箱（binning）、聚类（clustering）和回归（regression）等方法。

分箱的方法是指把待处理的数据按照一定的规则放进一些箱子中，考察每一个箱子中的数据，采用某种方法分别对各个箱子中的数据进行处理。其中，箱子是指按照属性值划分的子区间，如果一个属性值处于某个子区间范围内，就称把该属性值放进这个子区间代表的"箱子"里。

聚类的方法是指将物理的或抽象对象的集合分组为不同的簇，其中，簇是指一组数据对象集合。同一簇内的所有对象具有相似性，不同簇之间对象具有较大的差异性。通过聚类的方法，不仅可以找出类别的特征，还可以找出并清除那些落在簇之外的值（孤立点），这些孤立点可被视为噪声。换句话说，孤立点可以通过聚类的方法检测，通过聚类分析可以发现异常数据；相似或相邻近的数据聚合在一起形成聚类集合，而那些位于这些聚类集合之外的数据对象，自然而然地就被认为是异常数据。聚类的具体实现在本书第四章会有详细的介绍。

回归的方法是指发现相关的变量之间的变化模式，通过使数据适合一个函数来平滑数据，即利用拟合函数对数据进行平滑。回归的具体实现在第二章已有详细的介绍。

（3）不一致数据。

不一致的数据包括：数据内涵出现不一致情况（如作为关键字的同一时间编码出现不同值）；历史记录或对数据的修改被忽略；对于有些事务记录的数据不一致；数据集成可能造成数据的不一致。

对于不一致数据可以采用人工干预更正，也可采用知识工程工具来检测和修正违反限制和规则的数据。

（4）重复。

某些属性虽然名称不同但含义相同，或者某些数据的重复记录都会导致重复的产生。可以采用人工干预的方法更正重复的数据，也可采用知识工程工具来检测和修正违反限制和规则的数据。

（5）维度高。

维度的增加，不仅会增加待发掘的知识与规则的复杂度，而且会增加数据的规模，增加数据处理的复杂度。维度高的数据可以通过人工干预，也可以通过知识工程工具降维。

为达到数据清理的目的，数据选择应参考如下原则：尽可能赋予属性名和属性值明确的含义；统一多数据源的属性值编码；去除唯一属性；取出重复属性；去除可以忽略字段；合理选择关联字段。

数据集成将多个数据源中的数据结合起来并统一存储，建立数据仓库的过程实际上就是数据集成。海量数据集往往涉及多个数据源，因此，在数据挖掘之前需要合并这些数据源存储的数据，如果原始数据的形式不适合数据挖掘算法需要，也需要按集成的要求进行数据变换。因此，数据集成是将多个数据源中的数据结合起来存放在一个一致的数据存储中。这些数据源可以包括多个数据库、数据立方体或一般文件。

数据选择也称为数据归约。数据挖掘时面对的数据量往往非常大，对大规模数据库中的内容进行复杂的数据分析通常需要耗费大量的时间，这就常常使得这样的分析变得不现实、不可行。数据归约技术可以用来得到数据集的归约表示，它比原数据小得多，但仍然接近于保持原数据的完整性，并且结果与归约前结果相同或几乎相同，如可以通过聚集、删除冗余特性或聚类方法来压缩数据。

数据归约的方法有很多，但无论什么方法，都要坚持如下两个归约标准：①用于数据归约的时间不应当超过或"抵消"在归约后的数据上挖掘节省的时间；②归约得到的数据比原数据小得多，但可以产生相同或几乎相同的分析结果。

常用的数据归约的策略有以下两种。

（1）数据立方体聚集。

数据立方体聚集的方法是指将 n 维数据立方体聚集为 $n-1$ 维的数据立方体。

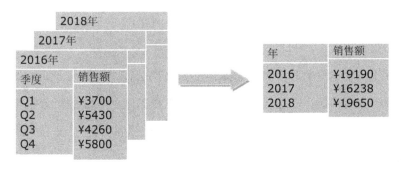

图 3-2　数据立方体聚集

如图 3-2 所示，聚集后数据量明显减少，但却没有丢失分析任务所需的信息。

（2）维归约。

用于数据分析的数据可能包含数以千计的属性，但其中大部分属性与分析的主题不相关，是冗余的。维归约通过删除不相关的属性（或维）来减少数据量，通常采用属性子集选择方法。属性子集选择的目标是找出最小属性集，使得数据类的概率分布尽可能地接近使用所有属性的原分布。例如，挖掘顾客是否会在商场购买某商品的分类规则时，顾客的电话号码很可能与挖掘任务无关，应该可以去掉。

维归约的数学描述是：d 个属性有 2^d 个可能的子集，通过穷举搜索找出属性的最佳子集可能是不现实的，通常使用压缩搜索空间的启发式算法来进行搜索，这些算法是贪心算法，在搜索属性空间时，总是做看上去是最佳的选择。其含义是由局部最优选择，期望由此导致全局最优选择。实际应用中，贪心算法是有效的，并可以逼近最优解。

属性子集选择的基本启发式方法包括的技术有：逐步向前选择，逐步向后删除，向前选择、向后删除的结合和决策树归纳。

逐步向前选择是指由空集开始，选择属性集中最好的属性，并将其添加到该集合中。随后每次迭代，将原属性集剩下的属性中的最好的属性添加到该集合中。

逐步向后删除与逐步向前选择相反，是指由整个属性集开始，每一步删除掉尚在属性集中的最坏的属性。向前选择和向后删除的结合是指向前选择和向后删除方法的结合，每一步选择一个最好的属性，并在剩余属性中删除一个最坏的属性。

这里需要说明的是：以上三种方法（指逐步向前选择，逐步向后删除，向前选择、向后删除的结合）通过事先设定一个阈值来确定是否停止属性选择。在上述三种方法中，属性的选择与删除可以基于专家经验，也可以基于事实调查与分析。

决策树归纳是指采用决策树算法，如 ID3 算法和 C4.5 算法。决策树归纳即构造一个类似流程图的结构，其每个内部节点表示一个属性上的测试，每个分枝（非树叶）对应于测试的一个输出；每个外部节点（树叶）表示一个判定类。在每个节点，算法选择"最好"的属性，将数据划分成类。决策树归纳方法在第二章已有详细介绍，这里不再赘述。

维归约的方法也常被用来进行事物的特征提取，即通过选取最小的特征属性集合，使得到的数据挖掘结果与所有特征参加的数据挖掘结果相近或完全一致。

数据压缩是指应用数据编码或变换，以便得到原数据的归约或"压缩"表示。数据压缩包括无损数据压缩技术和有损数据压缩技术两种。前者是指所采用的压缩技术使原数据可以由压缩数据重新构造而不丢失任何信息；后者是指所采用的数据压缩技术只能重新构造原数据的近似表示。

正则表达式（regular expression）也是一种常用的数据压缩方法，它描述了一种字符串匹配的模式（pattern），可以用来检查一个串是否含有某种子串、将匹配的子串替换或者从某个串中取出符合某个条件的子串。

数值归约技术就是通过选择替代的、较小的数据表示形式来减少数据量，主要有有参和无参两类。无参方法是指使用存放数据归约表示，如直方图、聚类、抽样等。有参方法是指使用一个模型来评估数据，使得只需要存放参数，而不是实际数据，如回归和对数线性模型。回归和对数线性模型是指可以用回归和对数线性模型来近似给定数据。在线性回归中，对数据建模，使之适合一条直线。对数线性模型近似离散的多维概率分布，基于较小的方体形成数据立方体的格，该方法可以用于估计具有离散属性集的基本方体中每个单元的概率。

离散化技术通过将属性域划分为区间来减少给定的连续属性值的个数。区间的标号可以替代实际的数据值。许多离散化技术都可以递归使用，以便提供属性值的分层或多分解划分，即概念分层。概念分层定义了一组由低层概念集到高层概念集的映射，它允许在各种抽象级别上处理数据，从而在多个抽象层上发现知识。用较高层次的概念替换低层次（如年龄的数值）的概念，以此来减少取值个数。虽然一些细节在数据泛化过程中消失了，但这样所获得的泛化数据或许会更易于理解、更有意义。在消减后的数据集上进行数据挖掘显然效率更高。概念分层结构可以用树来表示，树的每个节点代表一个概念。

由于数据的可能取值范围的多样性和数据值的频繁更新，对数值属性进行概念分层比较困难。数值属性的概念分层可以根据数据的分布分析自动地构造，基本方法主要有分箱、直方图分析、聚类分析和基于熵的离散化等。

属性的值可以通过将其分配到各分箱中而将其离散化。利用每个分箱的均值和中数替换每个分箱中的值（利用均值或中数进行平滑）。循环应用这些操作处理每次的操作结果，就可以获得一个概念层次树。

循环应用直方图分析方法处理每次划分的结果，最终自动获得多层次概念树，而当达到用户指定层次水平后划分结束。最小间隔大小也可以帮助控制循环过程，其中包括指定一个划分的最小宽度或每一个层次每一划分中的数值个数等。

聚类算法可以将数据集划分为若干类或组。每个类构成了概念层次树的一个节点，每个类还可以进一步分解为若干子类，从而构成更低水平的层次，当然类也可以合并起来构成更高层次的概念水平。

通过平滑、聚集、数据概化、规范化等方式将数据转换成适用于数据挖掘的形式。在此过程中，可以通过改进距离度量来改进挖掘算法的精度和有效性。

（1）平滑：即除去数据中的噪声，如分箱、聚类和回归。这些方法前面已经有相关详细介绍，这里就不再赘述。

（2）聚集：即对数据进行汇总和聚集。聚集是指对数据进行汇总，常见的操作函数有 avg（），count（），sum（），min（），max（）等。聚集的方法可以用来构造数据立方体。

（3）数据概化：使用概念分层，用高层概念替换低层"原始"数据。即用更抽象（更高层次）的概念来取代低层次或数据层的数据对象。例如，街道属性就可以泛化到更高层次的概念，如城市、国家。同样对于数值型的属性，如年龄属性，就可以映射到更高层次的概念。

（4）规范化：将属性数据按比例缩放，使之落入一个小的特定区间。将数据按比例进行缩放，使之落入一个特定的区域，以消除数值型属性因大小不一而造成的挖掘结果的偏差。

（5）属性构造：构造新的属性并添加到属性集中，以利挖掘。即利用已有属性集构造出新的属性，并加入现有属性集合中以帮助挖掘更深层次的模式知识，以此提高挖掘结果的准确性。例如，根据宽、高属性，可以构造面积这样一个新属性。

3.2 数据预处理与特征提取

技术的进步源于对应用的需求，机器学习的发展也不例外。正是由于传统数据库系统，特别是关系数据库系统的成功，我们有了强有力的事务处理工具，在计算机的辅助下，人们可以方便地将传统的事务处理得很好，但是与此同时，快速增长的海量数据也被相应地收集、存放在大型、大量的数据库中，从而使得人们更希望计算机帮助他们分析数据、理解数据，帮助他们基于丰富的数据做出决策，做人力所不能及的事情。于是，数据挖掘——从大量数据中，用非平凡的方法发现有用的知识——就成了一种自然的需求。正是这种需求引起了人们的广泛关注，进而促使机器学习的研究蓬勃发展。

从数据分析的角度看，数据挖掘可以分为两类：预测性数据挖掘和描述性数据挖掘。预测性数据挖掘是指通过分析数据，建立一个或一组模型，并试图预测新数据集的行为。描述性数据挖掘则以简洁概要的方式描述数据，并提供数据的有趣的一般性质。二者都是数据挖掘的重要任务。

数据预处理过程中所涉及的数据的选择与提取构成了描述性数据挖掘阶段模式识别中的重要方法，也是其中重要而困难的一个环节。数据的选择与提取，是通过降低特征维数来分析各种特征的有效性，并选出其中最有代表性的特征，这是模式识别的关键一步。

数据的选择与提取具有三大类特征：物理特征、结构特征和数学特征。物理特征和结构特征，是指易于被人的直觉感知，但有时难于定量描述，因而不易用于机器判别的特征。举个例子，人们在日常对话中可以形容一个人是否有胡须、什么发型、什么脸型，可这些特征仁者见仁、智者见智，不易规定固定的标准，这些便属于物理特征与结构特征。数学特征则是易于用机器定量描述和判别的特征，如基于统计的特征。特征的选择与提取与具体问题有很大关系，目前没有理论能给出对任何问题都有效的特征选择与提取方法。

数据的选择与提取是提取有效信息、压缩特征空间的方法。特征提取是指用映射（或变换）的方法把原始特征变换为较少的新特征。而特征选择则是从原始特征中挑选出一些最有代表性、分类性能最好的特征。

特征选择一般根据物理特征或结构特征进行压缩，特征提取一般用数学的方法进行压缩。

3.3　主成分分析

主成分分析是特征提取中的一种常用的方法。主成分分析通过正交变换将一组可能存在相关性的变量转换为一组线性不相关的变量，转换后的这组变量叫主成分。主成分分析可以看作是数据预处理中数据选择的方法。通过主成分分析，可以利用变量的相关关系对变量的个数或者说数据的维度进行约减，从大量的变量或维度中找出少数的代表来对原数据集进行高度概括和描述。

主成分分析可通过下面的例子进行理解。9 个样本、6 个变量的数据集如表 3-1 所示。

表 3-1　数据集

ID	V_1	V_2	V_3	V_4	V_5	V_6
1	66	60	71	83	80	78
2	78	76	77	63	71	56
3	68	64	48	64	66	58
4	81	68	76	75	73	62
5	75	71	81	83	80	75
6	77	83	76	61	70	63
7	67	72	66	51	66	56
8	76	70	58	71	85	72
9	84	99	78	42	68	51

为了约减数据，能否把这个数据集中的 6 个变量用一两个综合变量来表示呢？这一两个综合变量包含有多少原来的信息呢？

先考虑最简单的情况，即只有两个维度或只有两个变量，将这两个变量按习惯用平面直角坐标表示，每个样本值都对应于这两个坐标轴的两个坐标值。如果画出总体轮廓，可以看出这些数据形成一个椭圆形状的点阵（这在二维正态的假定下是可能的），该椭圆有一个长轴和一个短轴，并且在短轴方向上数据变化很少。在牺牲一定精度进行约减的情况下，可以忽略短轴的变化，而从长轴的方向完全解释这些点的变化，这样就完成了由二维到一维的降维。

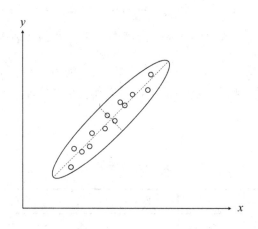

图 3-3　二维到一维的降维

如果坐标轴和椭圆的长短轴平行，那么代表长轴的变量就描述了数据的主要变化，而短轴的变量就描述了数据的次要变化。但是，坐标轴通常并不和椭圆的长短轴平行。因此，需要寻找椭圆的长短轴，并进行变换，使得新变量和椭圆的长短轴平行。如果长轴变量代表了数据包含的大部分信息，就用该变量代替原先的两个变量（舍去次要的一维），降维就完成了。椭圆的长短轴相差得越大，降维也越有道理。明白了二维变量的情况，像上面例子中所述的 6 维甚至更多维变量的情况就不难理解了，它也是一个高维的椭球，需要首先把高维椭球的主轴找出来，再用代表大多数数据信息的最长的几个轴作为新变量。这样，主成分分析就基本完成了。

正如二维椭圆有两个主轴，三维椭球有三个主轴一样，有几个变量，就有几个主轴。和二维情况类似，高维椭球的主轴也是互相垂直的。这些互相正交的新变量是原先变量的线性组合，叫作主成分。选择的主成分越少，降维就越好。被选的主成分所代表的主轴的长度之和应占据主轴长度总和的大部分（有文献认为，所选的主轴总长度占所有主轴长度之和的大约 85%）。

由上面的分析可知，主轴的方向就是方差最大的方向。即，使向量 X 的线性组合 $A^{\mathrm{T}}X$ 的方差最大的方向 A。而 $\mathrm{Var}(A^{\mathrm{T}}X) = A^{\mathrm{T}}\mathrm{Cov}(X)A$，由于 Cov (X) 未知，于是用 X 的样本相关阵 R 来近似。在此条件下，寻找向量 A 使得 $A^{\mathrm{T}}RA$ 最大（注意相关阵和协方差阵差一个常数），这涉及相关阵和特征值。主成分个数的选择通过"贡献率"确定。

对于前面的数据，处理结果如表 3-2 所示。

表 3-2　方差分析结果

解释的总方差

成分	初始特征值			提取平方和载入		
	合计	方差的百分比（%）	累积（%）	合计	方差的百分比（%）	累积（%）
1	2.922	48.704	48.704	2.922	48.704	48.704
2	1.993	33.209	81.913	1.993	33.209	81.913
3	0.543	9.047	90.960			
4	0.440	7.332	98.292			

续表

成分	初始特征值			提取平方和载入		
	合计	方差的百分比（%）	累积（%）	合计	方差的百分比（%）	累积（%）
5	0.092	1.527	99.819			
6	0.011	0.181	100.000			

提取方法：主成分分析。

这里的初始特征值就是这里的六个主轴长度，又称数据相关阵的特征值。前两个成分特征值累积占了总方差的 81.913%。后面的特征值的贡献非常少。

怎么解释这两个主成分？主成分是原始六个变量的线性组合，这由表3-3 给出。

表 3-3　主成分分析结果

成分矩阵[a]

	成分	
	1	2
V_1	0.003	0.864
V_2	-0.517	0.747
V_3	0.216	0.809
V_4	0.945	0.083
V_5	0.897	0.161
V_6	0.954	-0.015

提取方法：主成分。
a. 已提取了 2 个成分。

这里每一列代表一个主成分作为原来变量线性组合的系数（比例）。例如，第二主成分为 V_1、V_2、V_3、V_4、V_5、V_6 这六个变量的线性组合，系数（比例）为 0.864, 0.747, 0.809, 0.083, 0.161, -0.015。

如用 x_1，x_2，x_3，x_4，x_5，x_6 分别表示原先的六个变量，而用 y_1，y_2，y_3，y_4，y_5，y_6 表示新的主成分，那么，第一和第二主成分为：

$$\left.\begin{array}{l} y_1 = 0.003x_1 - 0.517x_2 + 0.216x_3 + 0.945x_4 + 0.897x_5 + 0.954x_6 \\ y_2 = 0.864x_1 + 0.747x_2 + 0.809x_3 + 0.083x_4 + 0.161x_5 - 0.015x_6 \end{array}\right\} \quad (3\text{-}1)$$

这些系数称为主成分载荷（loading），它表示主成分和相应的原先变量的相关系数。相关系数（绝对值）越大，主成分对该变量的代表性也越大。

3.4　因子分析

与主成分分析类似，因子分析也是一种常见的特征提取的方法。主成分分析从原理上是寻找椭球的所有主轴。原先有几个变量，就有几个主成分。而因子分析是预先确定要找几个成分，这几个事先确定的成分叫作因子。除此不同之外，因子分析多了一道因子旋转的工序，这个步骤可以使分析结果更好。

主成分分析与因子分析在数学上的区别如下。

主成分分析的形式如下：

$$\left.\begin{array}{l} y_1 = a_{11}x_1 + a_{12}x_2 + \cdots + a_{1p}x_p \\ y_2 = a_{21}x_1 + a_{22}x_2 + \cdots + a_{2p}x_p \\ \vdots \\ y_p = a_{p1}x_1 + a_{p2}x_2 + \cdots + a_{pp}x_p \end{array}\right\} \quad (3\text{-}2)$$

主因子分析的形式如下：

$$\left.\begin{array}{l} x_1 - \mu = a_{11}f_1 + a_{12}f_2 + \cdots + a_{1m}f_m + \varepsilon_1 \\ x_2 - \mu = a_{21}f_1 + a_{22}f_2 + \cdots + a_{2m}f_m + \varepsilon_2 \\ \qquad\qquad\qquad \vdots \\ x_p - \mu = a_{p1}f_1 + a_{p2}f_2 + \cdots + a_{pm}f_m + \varepsilon_p \\ (m < p) \end{array}\right\} \tag{3-3}$$

例如，对于上面例子的数据，因子分析输出为：

$$\left.\begin{array}{l} f_1 = \beta_{11}x_1 + \beta_{12}x_2 + \cdots + \beta_{1p}x_p \\ f_2 = \beta_{21}x_1 + \beta_{22}x_2 + \cdots + \beta_{2p}x_p \\ \qquad\qquad\qquad \vdots \\ f_m = \beta_{m1}x_1 + \beta_{m2}x_2 + \cdots + \beta_{mp}x_p \end{array}\right\} \tag{3-4}$$

表3-4　因子分析结果

旋转成分矩阵[a]

	成分	
	1	2
V_1	0.048	0.863
V_2	-0.478	0.773
V_3	0.257	0.797
V_4	0.948	0.035
V_5	0.904	0.115
V_6	0.952	-0.064

提取方法：主成分。

旋转法：具有 Kaiser 标准化的正交旋转法。

a. 旋转在 3 次迭代后收敛。

表3-4 可以说明六个变量和因子的关系。为简单记，用 x_1，x_2，x_3，x_4，x_5，x_6 来表示 V_1，V_2，V_3，V_4，V_5，V_6。这样因子 f_1 和 f_2 与这些原变

量之间的关系如下所述（值得注意的是，和主成分分析不同，这里把成分即因子写在方程的右边，把原变量写在左边；但相应的系数还是主成分和各个变量的线性相关系数，也称为因子载荷）：

$$\left.\begin{aligned}
x_1 &= 0.048f_1 + 0.863f_2 \\
x_2 &= -0.478f_1 + 0.773f_2 \\
x_3 &= 0.257f_1 + 0.797f_2 \\
x_4 &= 0.948f_1 + 0.035f_2 \\
x_5 &= 0.904f_1 + 0.115f_2 \\
x_6 &= 0.952f_1 - 0.064f_2
\end{aligned}\right\} \qquad (3-5)$$

这里，第一个因子主要和 x_1、x_2、x_3 三个维度有很强的正相关；而第二个因子主要和 x_4、x_5、x_6 三个维度有很强的正相关。从这个例子可以看出，因子分析的结果比主成分分析解释性更强。这些系数所形成的散点图如图3-4所示。

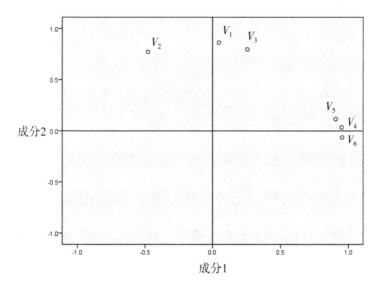

图3-4　旋转空间中的成分图

由图 3-4 可以直观地看出每个因子代表了一类事物。

计算因子得分，可以输出表 3-5：

表 3-5　成分得分系数矩阵

	成分	
	1	2
V_1	0.023	0.433
V_2	−0.158	0.384
V_3	0.095	0.402
V_4	0.325	0.025
V_5	0.311	0.065
V_6	0.326	−0.024

提取方法：主成分。
旋转法：具有 Kaiser 标准化的正交旋转法。
构成得分。

算出每个维度的第一个因子和第二个因子的大小，即算出每个维度的因子得分 f_1 和 f_2。

该输出说明第一和第二主因子（习惯上用字母 f 来表示因子）可以按照如下公式计算，该函数称为因子得分（factor score）。

$$\left.\begin{array}{l} f_1=0.023x_1-0.158x_2+0.095x_3+0.325x_4+0.311x_5+0.326x_6 \\ y_1=0.433x_1+0.384x_2+0.402x_3+0.025x_4+0.065x_5-0.024x_6 \end{array}\right\} \quad (3\text{-}6)$$

主成分分析和因子分析都依赖于原始的相关性，变量间相关性越好，降维效果越好；变量间独立性越好，降维效果越差。

3.5　特征提取问题的数学解析

特征选择是要使用最简单的模型描述一个现象的本质，即挑选出最有效的特征以降低特征空间的维数。通过特征提取可以从海量信息中提取数据的特征向量，并尽量地保留数据的原有信息，提高分析问题、解决问题的效率。特征提取主要有两种方法：特征选择和特征变换。特征选择是在原特征向量中选择重要的特征，去除冗余特征，得到新的特征子集（子向量）。特征变换则是对原有特征向量进行函数变换得到新的特征参数，组合成新的子集。特征选取的优劣左右着数据分析的结果。分类流程包括两个步骤，①训练：训练集——特征选取——训练；②分类：新样本——特征选取——判决。

从训练数据中得到的分类判别函数 $f(x)$ 的准确程度，取决于训练集合的数据中包含的固有特征和元素。从逻辑上来看，让判别函数包含更多的数据特性可以提高判别的能力，但是很多时候数据特性具有维数大和属性多的特点，而且包含过多特征容易引起过拟合，这会降低学习器的泛化能力。去除不相关或者多余的特征往往可以提高学习过程的效率，构造出具有较好泛化能力且更加容易被理解的学习器。本节基于支持向量机探讨保留能起到主导作用的特征来构造判别函数以准确分离训练数据的方法。

以二维样本空间为例，建立两类分类问题的分类器并同时压缩特征集大小[4]。

设 A 和 B 分别表示两个类别的点集，其中 A 中含有 m 个点，用矩阵 $A \in \mathbf{R}^{m \times n}$ 来表示；B 中含有 k 个点，用矩阵 $B \in \mathbf{R}^{k \times n}$ 来表示。如线性分类器中所述，需要构造超平面如下（选择合适的 ω 和 γ 用以划分这两个样本子集）：$\{x \mid x \in \mathbf{R}^n,\ x'\omega \geq \gamma + 1\}$ 应包含大多数 A 中的点，$\{x \mid x \in \mathbf{R}^n,\ x'\omega \leq \gamma - 1\}$ 包含大多数 B 中的点。

将 A 和 B 中的点的各个约束写成矩阵形式，即考虑如下的目标函数：

$$\min_{\omega,\gamma} f(\omega,\gamma) = \min_{\omega,\gamma} \left\{ \frac{1}{m} \parallel (-A\omega+e\gamma+e)_+ \parallel_1 + \frac{1}{k} \parallel (B\omega-e\gamma+e)_+ \parallel_1 \right\} \quad (3\text{-}7)$$

其中 e 为相应维数的全 1 列向量，$(\boldsymbol{\alpha})_+ = \max\{\boldsymbol{\alpha}, 0\}$（如果 $\boldsymbol{\alpha}$ 是向量的话，就作用在每个元素上），这里的距离度量采用 l_1 度量，是基于以下两个方面的考虑：①容易被转化成线性规划问题，这样各种成熟、有效的线性优化技巧和方法可以在计算的时候被采用。②l_1 度量对奇异点不是很敏感如相对于欧式距离，这样的算法比较稳健，不易受到个别奇异点的影响。

式（3-7）等价于下面的鲁棒线性规划问题（RLP），即构造一个超平面 $x'\omega - b = 0$，使得 $\omega \in \mathbf{R}^n$ 的分量尽可能为零。

$$\min_{\omega,\gamma,y,z} \quad \frac{e'y}{m} + \frac{e'z}{k} \quad (3\text{-}8)$$

$$-A\omega + e\gamma + e \leq y \quad (3\text{-}9)$$

$$B\omega - e\gamma + e \leq z \quad (3\text{-}10)$$

$$y \geq 0,\ z \geq 0 \quad (3\text{-}11)$$

为了强调特征选取，我们希望找到的超平面的法向量中，尽量少含一些非零元素，此时零元素对应的属性被认为是不相关或者不重要的属性，对目标函数值的影响可以忽略或者被认为很小。

$$\min_{\omega,\gamma,y,z} \quad (1-\lambda)\left(\frac{e'y}{m} + \frac{e'z}{k}\right) + \lambda e'|\omega| \quad (3\text{-}12)$$

$$-A\omega + e\gamma + e \leq y \quad (3\text{-}13)$$

$$B\omega - e\gamma + e \leqslant z \tag{3-14}$$

$$y \geqslant 0, \ z \geqslant 0 \tag{3-15}$$

对于线性问题，通过求梯度的方法寻找极值点是传统和常用的求解方法。但通过这种方法进行求解的过程较为烦琐。

式 (3-12)~式 (3-15) 可以进一步转化为下列各式：

$$\min_{\omega,\gamma,y,z,v} \quad (1-u)\left[(1-\lambda)\left(\frac{e'y}{m}+\frac{e'z}{k}\right)+\lambda e'\gamma\right]+\mu\left(-r'v+e'u\right)_* \tag{3-16}$$

$$-A\omega + e\gamma + e \leqslant y \tag{3-17}$$

$$B\omega - e\gamma + e \leqslant z \tag{3-18}$$

$$-v \leqslant \omega \leqslant v \tag{3-19}$$

$$u - v \geqslant 0, \ r - e \leqslant 0 \tag{3-20}$$

$$y \geqslant 0, \ z \geqslant 0, \ \gamma \geqslant 0, \ u \geqslant 0 \tag{3-21}$$

其中 $\lambda, \mu \in [0, 1)$。

选择合适的 $\lambda, \mu \in [0, 1)$，选择优化问题式 (3-16)~式 (3-21) 的一个初始可行解 $(\omega^0, \gamma^0, y^0, z^0, v^0, r^0, u^0)$，根据第 i 步迭代得到的最优解 $(\omega^i, \gamma^i, y^i, z^i, v^i, r^i, u^i)$，通过解如下两个线性规划问题，得到第 $i+1$ 步的最优结果 $(\omega^{i+1}, \gamma^{i+1}, y^{i+1}, z^{i+1}, v^{i+1}, r^{i+1}, u^{i+1})$：

$$\min_{\gamma} (1-u)\lambda e'\gamma - \mu\left(v^i\right)'r \tag{3-22}$$

$$\text{s. t.} \qquad 0 \leqslant r \leqslant e \tag{3-23}$$

$$\min_{\omega,\gamma,y,z} \quad (1-u)(1-\lambda)\left(\frac{e'y}{m}+\frac{e'z}{k}\right)+\mu\left[-\left(r^{i+1}\right)'v+e'u\right]_* \tag{3-24}$$

$$\text{s. t.} \qquad -A\omega + e\gamma + e \leqslant y \tag{3-25}$$

$$B\omega - e\gamma + e \leqslant z \tag{3-26}$$

$$-\nu \leqslant \omega \leqslant \nu \tag{3-27}$$

$$u - v \geqslant 0 \tag{3-28}$$

$$y \geqslant 0, \ z \geqslant 0, \ u \geqslant 0 \tag{3-29}$$

求解的思想是在非线性部分中先确定 γ 的值，然后在已知的基础上求解其他变量的最优值。因此，从目标函数和约束中抽取出含有 γ 的部分，得到规划式（3-22）和式（3-23），而这个规划中原来的未知量由上一步得到的 ν 值代替，这是一个线性规划，求得最优解 γ^{i+1} 之后代入到下一个规划式（3-24）~式（3-29）中求解，并依次迭代，在第二个规划的目标函数的值变化很小的时候迭代停止。

从线性规划问题式（3-22）和式（3-23）中得到最优解 γ^{i+1}，然后解线性规划问题式（3-24）~式（3-29）得到最优解为 $(\omega^{i+1}, \gamma^{i+1}, y^{i+1}, z^{i+1}, v^{i+1}, r^{i+1}, u^{i+1})$。迭代的终止由下面的判断条件决定（对于给定的终止指标 ξ）：

$$(1 - \mu)\left\{(1 - \lambda)\left[\frac{e'}{m}(y^{i+1} - y^i) + \frac{e'}{k}(z^{i+1} - z^i)\right] + \lambda e'(r^{i+1} - r^i)\right\} +$$
$$\mu\left[-(r^{i+1})'v^{i+1} + (r^i)'v^i + e'(u^{i+1} - u^i)\right] < \xi \tag{3-30}$$

即为连续两次迭代过程得到的目标函数最优值之间的差异在一定的容忍限度之内时停止迭代。

当目标函数不宜求导时，式（3-12）~式（3-15）的求解依然存在较大难度，且难以将对问题的求解方法进一步拓展到线性不可分离和非线性分类问题的求解上。针对这一问题，可以考虑采用遗传算法进行求解。遗传算法（Genetic Algorithms，GA）是仿真生物遗传学和自然选择机理通过人工方式所构造的一类搜索算法。其基本原理是模仿自然进化，通过作用于染色体上的基因寻找好的染色体来求解问题。遗传算法对求解问题的本身一无所知，它所需要的仅是对算法所产生的每个染色体进行评价，并基于适应值来选择染色体，使适应性好的染色体有更多的繁殖机会。在遗传算法中，通过随机方式产生若干个所求解问题的数字编码，即染色体，形成初始群体；通过适应度函数给每个个体一个数值评价，淘汰低适应度的个体，选择高适应度的个体参加遗传操作，经过遗传操作后的个体集合形成下一代新的种群，并对这个新种群进行下一轮进化。

在对上述方法的计算机仿真中，遗传算法主要参数为：个体数目为 40 个，最大遗传代数为 50，变量的二进制位数为 25。

仿真结果如图 3-5 所示。

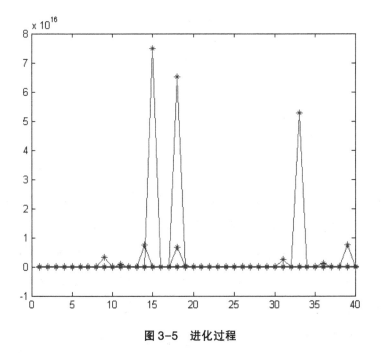

图 3-5　进化过程

从图 3-6 目标函数值的变化可以看出，本节提出的求解方法具有较好的收敛性。

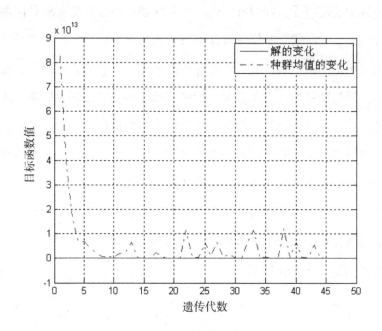

图 3-6　目标函数值变化

3.6　本章小结

本章对特征选取问题的概念及应用进行了阐述，通过前面的分析，不难发现特征提取展示了这样一种学习形式，其特点是：

（1）建立了一种集合向另一种集合的映射。集合之间既相互联系又相互区别，空间有训练数据的输入和变换后数据的输出，输入数据与变换后的数据构成了两个集合。

（2）各个点或者各个超平面共同协作描述事物规律，如拟合点线或支撑平面，这些点、线或者超平面通过相互连结、共同作用、相互协作形成一个能有决策输出的结构。

（3）点与点、线与线、面与面之间最大值或最小值的收敛构成了通过反馈进行线与面结构更新演化的方向。通过建立输出类别与多个线和面之间的关系可以建立一系列不同的决策模型。同时运算关系、向量空间的引入可以丰富映射关系的构成。

本章以支持向量机为基础建立特征选取问题的数学模型，并对分类器数学模型的求解问题进行了探讨，而且在求解过程中引入了遗传算法，简化了特征选取问题的求解。

第四章

聚　　类

　　与分类规则不同，进行聚类前并不知道将要划分成几个组和什么样的组，也不知道根据哪些空间区分规则来定义组。其目的旨在发现空间实体的属性间的函数关系，挖掘的知识用以属性名为变量的数学方程来表示。聚类技术正在蓬勃发展，涉及范围包括数据挖掘、统计学、机器学习、空间数据库技术、生物学以及市场营销等领域，聚类分析已经成为数据挖掘研究领域中一个非常活跃的研究课题。

　　聚类与簇联系紧密。簇是数据对象的集合，在同一个簇中，对象彼此相似，与其他簇中的对象相异。聚类是指根据"物以类聚"原理，将本身没有类别的样本聚集成不同的簇，并且对每一个这样的簇进行描述的过程。它的目的是使属于同一个簇的样本之间应该彼此相似，而不同簇的样本应该足够不相似。

4.1 基本概念

聚类是将物理或抽象对象的集合分成相似的对象类的过程。一个类簇内的实体是相似的,不同类簇的实体是不相似的;一个类簇是测试空间中点的汇聚,同一类簇的任意两个点之间的距离小于不同类簇的任意两个点间的距离;类簇可以描述为一个包含密度相对较高的点集的多维空间中的连通区域,它们借助包含密度相对较低的点集的区域与其他区域(类簇)相分离。

聚类分析是把数据集分解或划分成多个类或组,使同一组中的数据比较相似,不同组的数据差别较大。通过聚类,可以识别数据之间的相似程度,从而发现数据集的分布模式和数据的属性之间的相互关系。

聚类分析把数据集分成簇,使簇内数据尽量相似,簇间数据尽量不同。

聚类的严格数学描述如下:被研究的样本集为 E,类 C 定义为 E 的一个非空子集,即 $C \in E$ 且 $C \neq \varnothing$。聚类就是满足 $C_1 \cup C_2 \cup C_3 \cup \cdots \cup C_K = E$ 和 $C_i \cap C_j = \varnothing$(对任意 $i \neq j$)两个条件的类 $C_1, C_2, C_3, \cdots, C_K$ 的集合。由第一个条件可知,样本集 E 中的每个样本必定属于某一个类;由第二个条件可知,样本集 E 中的每个样本最多只属于一个类。

聚类分析的基本思想认为,研究的数据集中的数据之间存在不同程度的相似性,根据数据的几个属性,找到能够度量它们之间相似程度的量,把一些相似程度较大的归为一类,另一些相似程度较大的归为另一类。

如前所述,聚类和分类不同,分类是我们事先知道要分成几类,通过对数据集进行学习得到分类器,从而完成对新数据的分类,这就是有监督的学习。例如，一个教室的人，我们可以得知的是按照性别可以归为男女两类，这就是分类。聚类是无监督学习，事先我们不知道要分成几类，聚类就是将没有类标志的数据聚集成有意义的类。还是一个教室里面的同学，如果按照所学专业进行归类，便不确定可以分为几类，这就是聚类。或者说，分类（Categorization or Classification）就是按照某种标准给对象贴标签（label），再根据标签来区分归类。聚类是指事先没有"标签"，而通过某种成团分析找出事物之间存在聚集性原因的过程。分类是事先定义好类别，类别数不变。分类器需要由人工标注的分类训练语料训练得到，属于有指导学习范畴。聚类则没有事先预定的类别，类别数不确定。聚类不需要人工标注和预先训练分类器，类别在聚类过程中自动生成。分类适合类别或分类体系已经确定的场合，如按照国图分类法分类图书；聚类则适合不存在分类体系、类别数不确定的场合，一般作为某些应用的前端，如多文档文摘、搜索引擎结果后聚类（元搜索）等。

聚类分析中的数据类型包括区间标度变量（Interval-scaled variables），二元变量（Binary variables），标称型、序数型和比例型变量（Nominal，ordinal，and ratio variables）和混合类型变量（Variables of mixed types）。

在解决实际的问题时，聚类分析中的数据通常采用数据矩阵和相异度矩阵这两种典型的数据结构。

数据矩阵可以说是一个二维空间的数据关系表，是描述对象与属性的结构的一种数据表达方式。在数据矩阵中，每一列表示的是对象的一个属性，而每一行则表示的是一个数据对象。图 4-1 所示的是一个 $n \times p$ 数据矩阵，表示的是 n 个对象的 p 个属性。

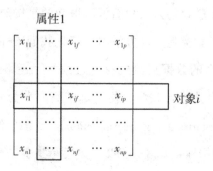

图 4-1   数据矩阵

相异度矩阵是描述对象与对象的结构的一种数据表达方式，是由 n 个数据对象两两之间的相异度构成的一个 n 阶矩阵，并且由于相异度矩阵是对称的结构，所以可以省略掉对称部分的数据，写成上三角或下三角的形式。

如图 4-2 所示，在相异度矩阵中，每一个元素 $d(i,j)$ 表示的是对象 i 和对象 j 之间的相异度，是用一个非负的数值来表示的，并且当对象 i 和对象 j 越相似的时候，$d(i,j)$ 的值就越接近 0；反之，当对象 i 和对象 j 越不相似的时候，$d(i,j)$ 的值就越大。

$$
\begin{bmatrix}
0 & & & & \\
d(2,1) & 0 & & & \\
d(3,1) & d(3,2) & 0 & & \\
\vdots & \vdots & \vdots & & \\
d(n,1) & d(n,2) & \cdots & \cdots & 0
\end{bmatrix}
\qquad
\begin{aligned}
& d(i,j)=d(j,i) \\
& d(i,i)=0
\end{aligned}
$$

图 4-2   相异度矩阵

聚类分析所要做的就是将 M 维空间上的 N 个点加以分类。这个分类标准就是距离。距离作为样品之间的相似程度的度量，是聚类分析的基础。

而我们可以用以下几类距离加以选择：欧氏距离、曼哈顿距离和明科夫斯基距离等。

（1）欧氏距离。

最著名的度量标准是 m 维特征空间的欧氏距离，即

$$d_2(i,j) = \left[\sum_{k=1}^{m} (x_{ik} - x_{jk})^2 \right]^{1/2} \qquad (4-1)$$

其中 x_{ik} 表示第 i 个数据的第 k 个指标的观测值，x_{jk} 表示第 j 个数据的第 k 个指标的观测值，$d(i,j)$ 为第 i 个数据与第 j 个数据之间的欧氏距离。若 $d(i,j)$ 越小，则第 i 个数据与第 j 个数据之间的性质就越相似。

（2）曼哈顿距离。

$$d_1(i,j) = \sum_{k=1}^{m} |x_{ik} - x_{jk}| \qquad (4-2)$$

（3）明科夫斯基距离。

$$d_{ij}(q) = \left[\sum_{k=1}^{m} (p_k |Y_{ik} - Y_{jk}|)^q \right]^{1/q} \qquad (4-3)$$

其中 $q \geq 1$。明科夫斯基距离是包含欧氏距离和曼哈顿距离在内的一般形式。当 $q = 2$ 时即为欧氏距离；当 $q = 1$ 时即为曼哈顿距离。p_k 表示权重，由于其选择的主观性、任意性经常对其丢弃，忽视了研究变量的重要性差异导致研究结果不免偏颇。

一般根据样本之间的一个距离度量标准可以确定类间的距离度量标准，这些度量标准对评价一个聚类过程的质量是必不可少的，它们也是聚类算法的一个组成部分，广泛应用于类 C_i 和 C_j 的距离度量标准是：

①单连接：$D_{\min}(C_i, C_j) = \min|p_i - p_j|$，其中，$p_i \in C_i$，$p_j \in C_j$；

②全连接：$D_{\max}(C_i,C_j)=\max|p_i-p_j|$，其中，$p_i \in C_i$，$p_j \in C_j$；

③质心：$D_{\mathrm{mean}}(C_i,C_j)=|m_i-m_j|$，其中 m_i 和 m_j 是 C_i 和 C_j 的质心（均值）；

④平均：$D_{\mathrm{avg}}(C_i,C_j)=\sum\sum|p_i-p_j|/(n_i \times n_j)$，其中，$p_i \in C_i$ 和 $p_j \in C_j$，且 n_i 和 n_j 是类 C_i 和 C_j 中的样本数。

4.2　聚类的过程

（1）数据准备：包括特征标准化和降维。

（2）特征选择：从最初的特征中选择最有效的特征，并将其存储于向量中。

（3）特征提取：通过对所选择的特征进行转换，形成新的突出特征。

（4）聚类：选择合适特征类型的某种距离函数（或构造新的距离函数）进行接近程度的度量，然后执行聚类或分组。

（5）聚类结果评估：对聚类结果进行评估，主要方法包括外部有效性评估、内部有效性评估及相关性评估。

数据挖掘对聚类的评估要求包括：

（1）可伸缩性；

（2）处理不同类型属性的能力；

（3）发现任意形状的聚类；

（4）输入参数对领域知识的弱依赖性；

（5）处理噪声数据的能力；

（6）对于输入记录的顺序不敏感；

（7）高维性；

（8）基于约束的聚类；

（9）可解释性和可用性。

4.3　分析方法

在样本空间 X 的聚类算法中，用一个数据向量表示一个样本 X（或特征向量，观察值），假设每一个样本 $x_1 \in X$，$i=l,\cdots,n$ 都用向量 $x_i = \{x_{11},$ $x_{12},\cdots,x_{1m}\}$ 来表示，m 的值是样本的维数（特征），n 是一个聚类过程的样本空间 X 中的样本数。对于特定的聚类问题，一个算法产生的簇可能有许多性质，最重要的一条性质就是"较高的簇内相似性，较低的簇间相似性"。

由于相似度是定义一个聚类的基础，所以同一特征空间的两个簇的相似度的度量标准对大多数聚类算法都是必不可少的。不过一般不是计算两个样本间的相似度，而是用特征空间中的距离作为度量标准来计算两个样本间的相异度。对于某个样本空间，距离的度量标准可以是足度量的或是半度量的，以便用来量化样本的相异度。

通常使用相异度的度量而不是相似度的度量作为标准。相异度的度量标准用 $d(x,x')$，$\forall x$，$x' \in X$ 来表示，通常称相异度为距离。当 x 和 x' 相似时，距离 $d(x,x')$ 很小；如果 x 和 x' 不相似，距离 $d(x,x')$ 很大。可以假定：

$$d(x,x') \geq 0, \quad \forall x, \quad x' \in X \tag{4-4}$$

距离的度量标准也具有对称性：

$$d(x,x') = d(x',x) \tag{4-5}$$

距离可度量的属性满足三角不等式。

在聚类分析过程中通常存在异常点，异常点是指数据集中与其他的点显著不同的样本点。异常点可能是由测量误差造成的，也可能是数据固有的可变性导致的结果。

当存在异常点时，许多聚类技术的效果都不理想，一些数据挖掘算法试图将异常点对最终模型的影响减到最小，或者在预处理阶段把它们去除。在实际去除异常点时一定要谨慎，因为如果去除的数据是正确数据的话，就会导致重要隐藏信息的丢失，一些数据挖掘应用集中在异常点的检测上，这是数据分析的必然结果。

异常点检测或异常点挖掘是指在数据集中标识出异常点的过程。发现异常点后，利用聚类或其他数据挖掘算法可以去除它们或按不同方式处理。许多异常点检测是基于统计技术的，通常假设数据集服从一个已知的分布，然后通过不一致性检验来检测出异常点，但是由于现实世界数据集不一定服从简单的数据分布，所以这种方法对于真实数据是不适用的。另外，大多数统计检验都使用单属性数值，而现实世界数据集中的数据都是多属性的。采用基于距离测度的检测技术可能是一条可行的途径。

从基本的思路上看，聚类分析的思想有三大类：系统聚类法、分解法和动态法（快速聚类法）。

系统聚类法是在给出样品间的距离和类与类间的距离定义的基础上，先将每个样品各自当作一类，计算出各类（各样品）间的距离，再将最近的两类合并，以此类推，每次减少一类，直到最后将全部样品合成一类。分解法恰好相反，先将全部样品当成一类，然后适当地将其分为两类，再分为三类，直到最后每个样品各自成为一类。

以上两种方法计算量较大，需要内存较多，通常只对样本量不太大（如不超过几十）时适用。

样本量较大时，可以使用动态法。它的基本思想是，先确定若干个中心，然后将样本逐个输入，看看样本能否归属哪类，如果可以归属已有的某个类，则归之，且对该中心稍做调整；否则，可以建立新类，并调整原有的归属及中心计算新的各类的中心；如此继续，直到每个样品皆有归属为止。这种方法可以大大提高计算速度，但由于初始中心的个数及位置的选取、样品输入的顺序都可能对最后结果有某些影响，因而不如前两种方法可靠。

目前在文献中存在大量的聚类算法，按照聚类算法所采用的上述基本思想将它们分为五类，即层次聚类算法、分割聚类算法、基于约束的聚类算法、机器学习中的聚类算法和用于高维数据的聚类算法，如图 4-3 所示。

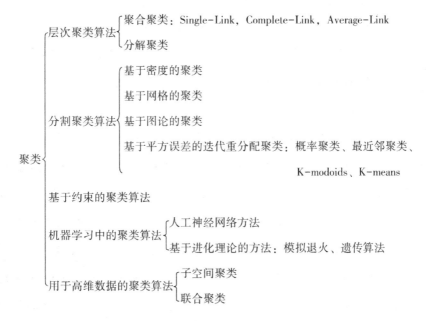

图 4-3 聚类算法分类

（1）层次聚类算法。

层次聚类算法通过将数据组织成若干组并形成一个相应的树状图来进行聚类，它又可以分为两类，即自底向上的聚合聚类和自顶向下的分解聚类。聚合聚类的策略是先将每个对象各自作为一个原子聚类，然后对这些原子聚类逐层进行聚合，直至满足一定的终止条件；分解聚类则与之相反，它先将所有的对象都看成一个聚类，然后将其不断分解直至满足终止条件。

对于聚合聚类算法来讲，根据度量两个子类的相似度时所依据的距离不同，又可将其分为基于 Single-Link，Complete-Link 和 Average-Link 的聚合聚类。Single-Link 在这三者中应用最为广泛，它根据两个聚类中相隔最近的两个点之间的距离来评价这两个类之间的相似程度，而后两者则分别依据两类中数据点之间的最远距离和平均距离来进行相似度评价。

（2）分割聚类算法。

分割聚类算法是另外一种重要的聚类方法。它先将数据点集分为 k 个划分，然后从这 k 个初始划分开始，通过重复的控制策略使某个准则最优化以达到最终的结果。这类方法又可分为基于密度的聚类、基于网格的聚类、基于图论的聚类和基于平方误差的迭代重分配聚类。

（3）基于约束的聚类算法。

真实世界中的聚类问题往往是具备多种约束条件的，然而由于在处理过程中不能准确表达相应的约束条件、不能很好地利用约束知识进行推理以及不能有效利用动态的约束条件，使得这一方法无法得到广泛的推广和应用。这里的约束可以是对个体对象的约束，也可以是对聚类参数的约束，它们均来自相关领域的经验知识。该方法的一个重要应用在于对存在障碍数据的二维空间数据进行聚类。COD（Clustering with Obstructed Distance）就是处理这类问题的典型算法，其主要思想是用两点之间的障碍距离取代了一般的欧氏距离来计算其间的最小距离。

（4）机器学习中的聚类算法。

机器学习中的聚类算法是指与机器学习相关、采用了某些机器学习理论的聚类方法，它主要包括人工神经网络方法和基于进化理论的方法。自组织映射（Self Organizing Map，SOM）是利用人工神经网络进行聚类的较早尝试，它也是向量量化方法的典型代表之一。该方法具有两个主要特点：它是一种递增的方法，即所有的数据点是逐一进行处理的；它能将聚类中心点映射到一个二维的平面上，从而实现可视化。

在基于进化理论的聚类方法中，模拟退火的应用较为广泛，SINICC 算法就是其中之一。在模拟退火中经常使用到微扰因子，其作用等同于把一个点从当前的聚类重新分配到一个随机选择的新类别中，这与 K-means 中采用的机制有些类似。遗传算法也可以用于聚类处理，它主要通过选择、交叉和变异这三种遗传算子的运算来不断优化可选方案，从而得到最终的聚类结果。

（5）用于高维数据的聚类算法。

高维数据聚类是目前多媒体数据挖掘领域面临的重大挑战之一。对高维数据聚类的困难主要来源于以下两个因素：高维属性空间中那些无关属性的出现使得数据失去了聚类趋势；高维使数据之间的区分界限变得模糊。除了降维这一最直接的方法之外，对高维数据的聚类处理还包括子空间聚类和联合聚类技术等。

CACTUS 采用了子空间聚类的思想，它基于对原始空间在二维平面上的一个投影处理。CLIQUE 也是用于数值属性数据的一个简单的子空间聚类方法，它不仅同时结合了基于密度和基于网格的聚类思想，还借鉴了 Apriori 算法，并利用 MDL（Minimum Description Length）原理选择合适的子空间。

4.4　基于K-means算法的聚类规则

K-means算法是一种很典型的基于距离的聚类算法，采用距离作为相似性的评价指标，即认为两个对象的距离越近，其相似度就越大。该算法认为簇是由距离靠近的对象组成的，因此把得到紧凑且独立的簇作为最终目标。

K-means聚类算法的优点主要有：①算法快速、简单；②对大数据集有较高的效率且是可伸缩性的；③时间复杂度近于线性，而且适合挖掘大规模数据集。K-means聚类算法的时间复杂度是$O(nkt)$，其中n代表数据集中对象的数量，t代表着算法迭代的次数，k代表着簇的数目。

K-means算法接受输入量k，然后将n个数据对象划分为k个聚类以便使所获得的聚类满足：同一聚类中的对象相似度较高；而不同聚类中的对象相似度较低。聚类相似度是利用各聚类中对象的均值所获得的一个"中心对象"（引力中心）来进行计算的。

K-means算法的工作过程如下：

首先从n个数据对象中任意选择k个对象作为初始聚类中心；对于所剩下的其他对象，则根据它们与这些聚类中心的相似度（距离），分别将它们分配给与其最相似的（聚类中心所代表的）聚类；然后再计算每个所获新聚类的聚类中心（该聚类中所有对象的均值）；不断重复这一过程直到标准测度函数开始收敛为止。一般都采用均方差作为标准测度函数。k个聚类具有以下特点：各聚类本身尽可能紧凑，而各聚类之间尽可能分开。即：

（1）从n个数据对象任意选择k个对象作为初始聚类中心；

（2）重新计算每个（有变化）聚类的均值（中心对象）；

（3）根据每个聚类对象的均值（中心对象），计算每个对象与这些中心对象的距离，并根据最小距离重新对相应对象进行划分；

（4）循环步骤（2）到步骤（3），直到每个聚类不再发生变化为止。

计算复杂度：$O(nkt)$，其中 t 是迭代次数。

K-means 算法是一种较典型的逐点修改迭代的动态聚类算法，其要点是以误差平方和为准则函数，逐点修改类中心：一个像元样本按某一原则，归属于某一组类后，就要重新计算这个组类的均值，并且以新的均值作为凝聚中心点进行下一次像元素聚类；逐批修改类中心：在全部像元样本按某一组的类中心分类之后，再计算修改各类的均值，作为下一次分类的凝聚中心点。

K-Medoids 算法是对 K-means 算法的改进，主要是为了消除 K-means 算法中可能出现的数量上占比小但度量上差距比较大的值对均值点定位的影响。

K-Medoids 算法不采用簇中对象的平均值作为参照点，而是选用簇中位置最中心的对象，即中心点（medoid）作为参照点。K-Medoids 算法采用 K-Medoids 聚类代价函数确定参考点。

K-Medoids 聚类代价函数评估了对象与其参照对象之间的平均相异度。为了判定一个非代表对象 O_{random} 是否是当前一个代表对象 O_j 的好的替代，对于每一个非代表对象 p，考虑下面的四种情况。

第一种情况：p 当前隶属于代表对象 O_j。如果 O_j 被 O_{random} 所代替，且 p 离 O_i 最近，$i \neq j$，那么 p 被重新分配给 O_i。

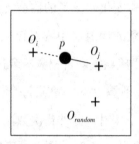

图 4-4 重新分配给 O_i

第二种情况：p 当前隶属于代表对象 O_j。如果 O_j 被 O_{random} 代替，且 p 离 O_{random} 最近，那么 p 被重新分配给 O_{random}。

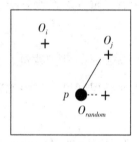

图 4-5 重新分配给 O_{random}

第三种情况：p 当前隶属于 O_i，$i \neq j$。如果 O_j 被 O_{random} 代替，而 p 仍然离 O_i 最近，那么对象的隶属不发生变化。

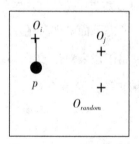

图 4-6 不发生变化

第四种情况：p 当前隶属于 O_i，$i \neq j$。如果 O_j 被 O_{random} 代替，且 p 离 O_{random} 最近，那么 p 被重新分配给 O_{random}。

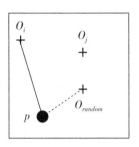

图 4-7　重新分配给 O_{random}

围绕中心点划分 PAM（Partitioning Around Medoids）算法是最早提出的 k-中心点算法之一。其设计思想如下：

（1）为每个簇任意选择一个代表对象（中心点）；

（2）剩余的对象根据其与代表对象的距离分配给其最近的一个簇；

（3）反复用非代表对象来替换代表对象，以提高聚类的质量。

与 K-means 算法相比较，当存在噪音和孤立点时，PAM 比 k-means 算法更健壮。这是因为中心点不像平均值那么容易被极端数据影响。

4.5　聚类问题的数学解释

聚类问题的数学模型可以表述如下[4]：

令样本集 A 是 $\mathbf{R}^n$ 中的 m 个点，用矩阵 $A \in \mathbf{R}^{m \times n}$ 表示，每一行表示一个样本点。现在要对这些样本点进行聚类，已知聚类的类别总数为 k，设法用数学规划来表述该问题。

寻找 k 个聚类中心点 $C_l \in \mathbf{R}^n$，$l = 1, \cdots, k$，每一个中心点都表征一个

新的类别，对于每一个样本点 A_i，计算离这些聚类中心的距离，选择最近的一个中心点，并将其归入该中心点隶属的类别。即可以写成如下规划问题：

$$\min_{C,\ D} \sum_{i=1}^{m} \min_{1 \leqslant l \leqslant k} (e'D_{il}) \tag{4-6}$$

s. t. $\quad -D_{il} \leqslant A'_i - C_l \leqslant D_{il}, i=1,\cdots,m, l=1,\cdots,k \tag{4-7}$

其中需要优化的变量为 $C' = [C_1,\cdots,C_k]$，$D' = [D_{1,1},\cdots,D_{1,k},\cdots,D_{m,1},\cdots,D_{m,k}]$。引入变量 $D_{il} \in \mathbf{R}^n$ 是为了控制 $|A'_i - C_l|$ 的界。距离度量采用了 l_1（曼哈顿距离）。

上述规划问题式（4-6）~式（4-7）中的目标函数并不是光滑函数，在将它光滑化之前先引入如下引理：

引理 1. 令 $\alpha \in \mathbf{R}^k$，则有如下等式成立：

$$\min_{1 \leqslant l \leqslant k} \alpha_l = \min_{t \in \mathbf{R}^k} \left\{ \sum_{l=1}^{k} a_l l_l \ \Big| \ \sum_{l=1}^{k} t_l = 1, t_l \geqslant 0, l=1,\cdots,k \right\} \tag{4-8}$$

证明：写出 4-8 等式右边规划问题的对偶线性规划，即为

$$\max_{h \in R} \{ h \,|\, h \leqslant a_l,\ l=1,\cdots,k \} \tag{4-9}$$

由此显然有 $h = \min_{1 \leqslant l \leqslant k} \{\alpha_l\}$。根据线性规划的对偶理论，原规划问题和对偶规划问题的目标函数有相同的最优值，则引理成立。

根据引理，可以得到如下等价于规划问题式（4-6）~式（4-7）的规划问题：

$$\min_{C_l \in \mathbf{R}^n, D_l \in \mathbf{R}^n, T_{i,l} \in \mathbf{R}} \sum_{i=1}^{m} \sum_{l=1}^{k} T_{il}(e'D_{il}) \tag{4-10}$$

s. t. $\quad -D_{il} \leqslant A'_i - C_l \leqslant D_{il}\ ,\ i=1,\cdots,m, l=1,\cdots,k \tag{4-11}$

$$\sum_{l=1}^{k} T_{il} = 1 \ , \ i=1,\cdots,m \qquad\qquad (4\text{-}12)$$

$$T_{il} \geqslant 0 \ , \ i=1,\cdots,m, \ l=1,\cdots,k \qquad\qquad (4\text{-}13)$$

利用图论的方法进行聚类是目前常见的一种求解方法[5-6]，利用图论进行聚类求解的算法流程如图 4-8 所示：

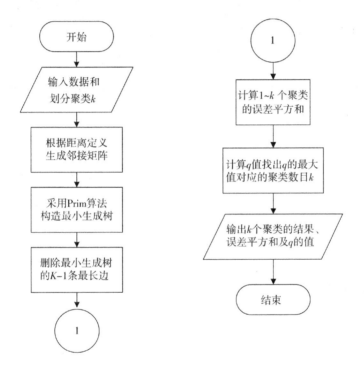

图 4-8 利用图论进行聚类求解的算法流程

其中，Prim 算法的数学描述为：

Step1：设 v 为 V 的任一顶点，令 $S_0 = \{v\}$ ，$E_0 = \varphi$ ，$k = 0$；

Step2：若 $S_k = V$ ，结束，以 S_k 为顶点集、E_k 为边集的图即是 G 的最小或最大生成树；否则转 Step3；

Step3：构造 $[S_k, \bar{S_k}]$ ，若 $[S_k, \bar{S_k}] = \varphi$ ，则 G 不连通，停止；否则，

设 $\omega(e_k) = \min\limits_{e \in [S_k, \bar{S}_k]} \omega(e)$ ，$e_k = \nu_k \nu'_k$ ，$\nu_k \in S_k$ 或 $\omega(e_k) = \min\limits_{e \in [S_k, \bar{S}_k]} \omega(e)$ ，$e_k =$ $\nu_k \nu'_k$ ，$\nu_k \in S_k$ ，令 $S_{k+1} = S_k \cup \{\nu'_k\}$ ，$E_{k+1} = E_k \cup \{e_k\}$ ，置 $k = k + 1$，转 Step 2。

基于图论的求解方法虽然思路比较简单，但是并没有有效降低算法的时空复杂度。针对这一问题，本节提出了一种改进的聚类问题求解方法。本节提出的方法对目标函数有着宽松的要求，因此虽然是以线性分类问题为例进行说明，但很容易拓展到对非线性分类问题的求解。

首先将（4-10）的有约束优化问题利用惩罚函数进行转化，约简约束条件，得到如下表达式：

$$\min_{C_l \in \mathbf{R}^n, D_l \in \mathbf{R}^n, T_{i,l} \in \mathbf{R}} \sum_{i=1}^{m} \sum_{l=1}^{k} T_{il}(e'D_{il}) + M * \sum \left(\sum_{l=1}^{k} T_{il} - 1 \right)^2 \quad (4-14)$$

$$\text{s. t.} \quad -D_{il} \leqslant A'_i - C_l \leqslant D_{il} \quad T_{il} \geqslant 0 \ , \ i = 1, \cdots, m, \ l = 1, \cdots, k \quad (4-15)$$

然后逐步增大 M 的值进行迭代，每一步使用遗传算法进行求解。直到

$$M * \sum_{i=1}^{m} \left(\sum_{l=1}^{k} T_{il} - 1 \right)^2 < \xi \ \text{为止。}$$

4.6 本章小结

本章对聚类问题的概念、应用进行了阐述。通过前面的分析，不难发现聚类展示了这样一种学习形式，其结构特点如下：

（1）多个节点相互连接形成了多个球形结构，各个球中有训练数据的输入和类别的输出，训练数据与决策类别构成了两个集合。

（2）多层球形结构的节点共同协作描述事物规律；这些节点相互连接、共同作用、相互协作形成一个能有决策输出的结构。

（3）球形的结构收敛构成了通过反馈进行球形结构更新演化的方向。通过建立输出类别与多个球关键节点之间的关系可以建立一系列不同的决策模型。

同时，运算关系、内积和赋范空间的引入可以丰富映射关系的构成。实际上这种丰富为聚类方法适应各种应用的变化提供了可能。

第五章

深度学习

深度学习是在机器学习的基础上发展起来的，和机器学习相比，深度学习在计算量和计算深度上都有质的飞跃。它关心的是那些采用之前所说的机器学习解决不了的问题。机器学习的核心原理是让计算机模仿人类的思考方式，像人一样自己领悟概念和原理。但总体来看，采用机器学习认识到的东西还是趋于表象，而不能像人一样深入认识事物。这就导致机器学习只能解决一些难度有限的问题，在一些有深度的问题上就显得无能为力。深度学习的核心在于使用模型中隐含的训练层模拟人脑中的神经元，这使得神经网络成为深度学习的基础。

5.1　概述

神经网络是以工程技术手段来模拟人脑神经网络的结

构与特征的系统。利用人工神经元可以构成各种不同拓扑结构的神经网络，它是生物神经网络的一种模拟和近似。

人工神经网络分类算法的重点是构造阈值逻辑单元，一个值逻辑单元是一个对象，它可以输入一组加权系数的量，对它们进行求和，如果这个和达到或者超过了某个阈值，输出一个量。如有输入值 $X_1, X_2, \cdots, X_n$ 和它们的权系数：$W_1, W_2, \cdots, W_n$，求和计算出的 $X_i * W_i$，产生了激发层 $a = (X_1 * W_1) + (X_2 * W_2) + \cdots + (X_i * W_i) + \cdots + (X_n * W_n)$，其中 X_i 是各条记录出现频率或其他参数，W_i 是实时特征评估模型中得到的权系数。神经网络是基于经验风险最小化原则的学习算法，有一些固有的缺陷，比如层数和神经元个数难以确定，容易陷入局部极小，还有过学习现象，这些本身的缺陷在 SVM 算法中可以得到很好的解决。

阈值逻辑单元是神经网络的基本处理单元。图 5-1 显示了一种简化的人工神经元结构。它是一个多输入单输出的非线性元件。

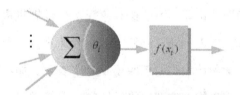

图 5-1　一种简化的人工神经元结构

其输入、输出的关系可描述为

$$I_i = \sum_{j=1}^{n} W_{ji} X_j - Q_i \tag{5-1}$$

$$y_i = f(I_i) \tag{5-2}$$

其中，$X_i \, (j=1,2,\cdots,n)$ 是从其他神经元传来的输入信号；

W_{ij} 表示从神经元 j 到神经元 i 的连接权值；

100

Q_i 为阈值;

$f(.)$ 称为激发函数或作用函数。

有时为了方便起见，常把 $-Q_i$ 看成是恒等于 1 的输入 X_0 的权值，这时 (5-1) 式可写成

$$I_i = \sum_{j=0}^{n} W_{ji}X_j \tag{5-3}$$

其中 $W_{0i} = -Q_i$，$X_0 = 1$。

输出激发函数 $f(.)$ 又称为变换函数，它决定神经元（节点）的输出。$f(.)$ 函数一般具有线性特性。

5.2 神经网络模型

神经网络的学习体现在神经网络权值的逐步计算（包括反复迭代或累加）上。

从神经网络中采掘规则，主要有以下两种倾向：①网络结构分解的规则提取。它以神经网络隐层节点和输出层节点为研究对象，把整个网络分解为许多单层子网的组合，这样研究较简单的子网，便于从中挖掘知识。②由神经网络的非线性映射关系提取规则，这种方法直接从网络输入和输出层入手，不考虑网络的隐层结构，避免了基于结构分解的规则提取算法的不足。

前向神经网络又称前馈型神经网络（Feedforward NN）。如图 5-2 所示，神经元分层排列，有输入层、隐含层（亦称中间层，可有若干层）和输出层，每一层的神经元只接受前一层神经元的输入。

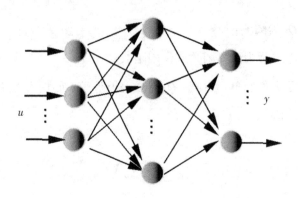

图 5-2 前向神经网络

从学习的观点来看，前馈网络是一种强有力的学习系统，其结构简单而易于编程；从系统的观点来看，前馈网络是一种静态非线性映射，通过简单非线性处理单元的复合映射，可获得复杂的非线性处理能力。但从计算的观点来看，缺乏丰富的动力学行为。

后向神经网络（Back Propagation，BP）是 1986 年由 Rumelhart 和 McCelland 为首的科学家小组提出，是一种按误差逆传播算法训练的多层前馈网络，是目前应用最广泛的神经网络模型之一。BP 神经网络能学习和存储大量的输入-输出模式映射关系，而无须事前揭示描述这种映射关系的数学方程。它的学习规则是使用最速下降法，通过反向传播来不断调整网络的权值和阈值，使网络的误差平方和最小。BP 神经网络模型拓扑结构包括输入层（input）、隐层（hidden layer）和输出层（output layer）。

BP 神经网络由信息的正向传播和误差的反向传播两个过程组成。输入层各神经元负责接收来自外界的输入信息，并传递给中间层各神经元；中间层是内部信息处理层，负责信息变换，根据信息变化能力的需求，中间层可以设计为单隐层或者多隐层结构；最后一个隐层传递到输出层各神经元的信息，经进一步处理后，完成一次学习的正向传播处理过程，由输出层向外界输出信息处理结果。当实际输出与期望输出不符时，进入误差的反向传播阶段。误差通过输出层，按误差梯度下降的方式修正各层权值，向隐层、输入层逐层反传。周而复始的信息正向传播和误差反向传播过程，是各层权值不断调整的过程，也是神经网络学习训练的过程，此过程一直进行到网络输出的误差减少到可以接受的程度，或者预先设定的学习次数为止。

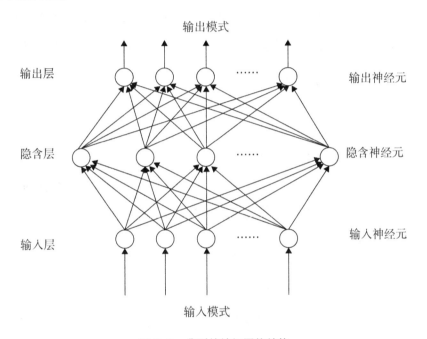

图 5-3　典型的神经网络结构

5.3　神经网络学习方法

学习方法是体现人工神经网络智能特征的主要标志，离开了学习算法，人工神经网络就失去了诱人的自适应、自组织和自学习的能力。Hebb学习规则和 Delta（δ）学习规则是神经网络中常用的两种最基本的学习规则。

Hebb 学习规则是一种联想式学习方法。联想是人脑形象思维过程的一种表现形式。例如，在空间和时间上相互接近的事物，在性质上相似或相反的事物都容易在人脑中引起联想。生物学家 D. O. Hebbian 基于对生物学和心理学的研究，提出了学习行为的突触联系和神经群理论，认为突触前与突触后二者同时兴奋，即两个神经元同时处于激发状态时，它们之间的连接强度将得到加强，这一论述的数学描述被称为 Hebb 学习规则，即：

$$W_{ij}(k+1) = W_{ij}(k) + \Delta W_{ij}(k) = W_{ij}(k) + I_i I_j \qquad (5\text{-}4)$$

其中，$W_{ij}(k)$ 为连接神经元 i 到神经元 j 的当前权值。

I_i，I_j 为神经元的激活水平。

Hebb 学习规则是一种无监督的学习方法，它只根据神经元连接间的激活水平改变权值，因此这种方法又称为相关学习或并联学习。

当神经元由式（5-1）描述时，即

$$I_i = \sum W_{ij} X_j - \theta_j \qquad (5\text{-}5)$$

$$y_i = f(I_i) = 1/(1 + e^{-I_i}) \qquad (5\text{-}6)$$

Hebb 学习规则可写成如下：

$$W_{ij}(k + 1) = W_{ij}(k) + \alpha Y_i Y_j \qquad \alpha > 0 \qquad (5\text{-}7)$$

另外，根据神经元状态变化来调整权值的 Hebb 学习方法称为微分 Hebb 学习方法，可描述为：

$$W_{ij}(k + 1) = W_{ij}(k) + [Y_i(k) - Y_i(k - 1)][Y_j(k) - Y_j(k - 1)]$$

$$(5 - 8)$$

Delta（δ）学习规则假设下列误差准则函数：

$$E = \frac{1}{2} \sum_{p=1}^{p} (d_p - y_p)^2 = \sum_{p=1}^{p} E_p \tag{5-9}$$

其中，d_p 代表期望的输出（教师信号）；$y_p = f(Wx_p)$ 为网络的实际输出；W 为网络的所有权值组成的向量：

$$W = (W_0, W_1, \cdots, W_n) \tag{5-10}$$

X_p 为输入模式：

$$X_p = (X_{p0}, X_{p1}, \cdots, X_{pn})^{\mathrm{T}} \tag{5-11}$$

训练样本数 $p = 1, 2, 3, \cdots, p$。

现在的问题是如何调整权值 W，使准则函数最小。可用梯度下降法来求解，其基本思想是沿着误差 E 的负梯度方向不断修正 W 值，直到 E 达到最小，这种方法的数学表达式为：

$$\Delta W_i = \eta \frac{-\partial E}{\partial W_i} \tag{5-12}$$

$$\frac{\partial E}{\partial W_i} = \sum_{p=1}^{p} \frac{\partial E_p}{\partial W_i} \tag{5-13}$$

其中，

$$E_p = \frac{1}{2} \sum_{p=1}^{p} (d_p - y_p)^2 \tag{5-14}$$

用 θ_p 表示 WX_p，则有

$$\frac{\partial E_p}{\partial W_i} = \frac{\partial E_p}{\partial y_p} \cdot \frac{\partial y_p}{\partial \theta_p} \cdot \frac{\partial \theta_p}{\partial w_i} = -(d_p - y_p) \cdot f'(\theta) \cdot X_{ip} \qquad (5-15)$$

W_i的修正规则为

$$\Delta W_i = \eta \sum_{p=1}^{p} (d_p - y_p) f'(\theta_p) X_{ip} \qquad (5-16)$$

上式称为 δ 学习规则或 Delta 学习规则，又称为误差修正规则。定义误差传播函数 δ 为：

$$\delta = \frac{\partial E_p}{\partial \theta_p} = -\frac{\partial E_p}{\partial y_p} \frac{\partial y_p}{\partial \theta_p} \qquad (5-17)$$

δ 学习规则实现了 E 的梯度下降，因此使误差函数达到最小值。但 δ 学习规则只适用于线性可分函数，无法适用于多层网络。BP 网络的学习算法是在 δ 学习规则基础上发展起来的，可在多层网络上有效学习。

从上述的两种学习规则不难看出，要使神经网络的知识结构发生变化，即使神经元网络的结合模式发生变化，这同用什么方法改变连接权向量是等价的。所以，所谓神经网络的学习，目前主要是指通过一定的学习算法实现对突触结合强度（权值）的调整，使其达到具有记忆、识别、分类、信息处理和问题优化求解算法功能，这是一个正在发展中的研究课题。

5.4 神经网络的数学解释

从神经网络的运行原理来看，假如现在有下面这个简单的网络，如图 5-4 所示：

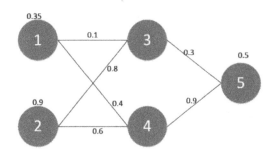

图 5-4　简单的神经网络

定义符号说明如表 5-1 所示：

表 5-1　神经网络的符号定义

符号	代表意义
w_{ab}	代表的是节点 a 到节点 b 的权重
Z_a	代表的是节点 a 的输入值
δ_a	代表的是节点 a 的错误（反向传播用到）
C	最终损失函数
$f(x) = \dfrac{1}{1+e^{-x}}$	节点激活函数
$W2$	左边字母，右边数字，代表第几层的矩阵或者向量

则正向传播一次可以得到下面公式：

$$w0 = \begin{bmatrix} w_{31} & w_{33} \\ w_{41} & w_{42} \end{bmatrix} \qquad (5\text{-}18)$$

$$z1 = \begin{bmatrix} z_3 \\ z_4 \end{bmatrix} = w0 * y0 = \begin{bmatrix} w_{31} & w_{32} \\ w_{41} & w_{42} \end{bmatrix} * \begin{bmatrix} y_1 \\ y_2 \end{bmatrix} = \begin{bmatrix} w_{31} * y_1 + w_{32} * y_2 \\ w_{41} * y_1 + w_{42} * y_2 \end{bmatrix} \qquad (5\text{-}19)$$

$$y1 = \begin{bmatrix} y_3 \\ y_4 \end{bmatrix} = f(\begin{bmatrix} z_3 \\ z_4 \end{bmatrix}) = f(w0 * y0) = f(\begin{bmatrix} w_{31} & w_{32} \\ w_{41} & w_{42} \end{bmatrix} * \begin{bmatrix} y_1 \\ y_2 \end{bmatrix})$$

$$= f(\begin{bmatrix} w_{31} * y_1 + w_{32} * y_2 \\ w_{41} * y_1 + w_{42} * y_2 \end{bmatrix}) \tag{5-20}$$

$$w1 = \begin{bmatrix} w_{53} & w_{54} \end{bmatrix} \tag{5-21}$$

$$z2 = \begin{bmatrix} w1 * y1 \end{bmatrix} = \begin{bmatrix} w_{53} & w_{54} \end{bmatrix} * f(\begin{bmatrix} w_{31} * y_1 + w_{32} * y_2 \\ w_{41} * y_1 + w_{42} * y_2 \end{bmatrix})$$

$$= \begin{bmatrix} w_{53} * f(\begin{bmatrix} w_{31} * y_1 + w_{32} * y_2 \end{bmatrix}) + w_{54} * f(\begin{bmatrix} w_{41} * y_1 + w_{42} * y_2 \end{bmatrix}) \end{bmatrix} \tag{5-22}$$

$$y_{real} = y2 = f(z2)$$

$$= f(\begin{bmatrix} w_{53} * f(\begin{bmatrix} w_{31} * y_1 + w_{32} * y_2 \end{bmatrix}) + w_{54} * f(\begin{bmatrix} w_{41} * y_1 + w_{42} * y_2 \end{bmatrix}) \end{bmatrix}) \tag{5-23}$$

如果损失函数 C 定义为

$$C = \frac{1}{2}(y_{real} - y_{predict})^2 \tag{5-24}$$

从决策效果看，希望网络预测出来的值和真实的值越接近越好。即希望 C 能达到最小，如果把 C 的表达式看作是所有 w 参数的函数，也就是求这个多元函数的最值问题，那么就将一个神经网络的问题转化为数学最优化的问题了[2]。

对于损耗函数 C 和任何权重 w，有：

$$\frac{\partial C}{\partial w} = \frac{\partial}{\partial w} \mid y - h_w(x) \mid^2 = \frac{\partial}{\partial w} \sum_k (y_k - a_k)^2$$

$$= \sum_k \frac{\partial}{\partial w} (y_k - a_k)^2$$

(5-25)

主要的复杂性来自于网络的隐含层。尽管输出层的误差 $y - h_w$ 是清楚的，由于训练数据没有说明隐藏节点应该具有什么样的值，而隐含层的误差似乎是模糊的。但幸运的是，能够从输出层反向传播误差。反向传播过程直接发端于整个误差梯度的微分。

对于多个输出单元，令 Err_k 为误差向量 $y - h_w$ 的第 k 个分量。修正误差 $\Delta_k = Err_k \times g'(in_k)$ 能方便地计算，此时，权重更新规则变为

$$w_{j,k} < - w_{j,k} + \alpha \times \alpha_j \times \Delta_k$$

(5-26)

为了更新输入单元和隐藏单元之间的连接，定义一个与输出节点的误差项相似的量。这正是做误差反向传播的地方。其思想是，隐藏节点 j 需要为每个与它相连的输出节点的误差 Δ_k 负一部分责任。因此，Δ_k 值要按照隐藏节点和输出节点间的连接强度进行划分，并反向传播，以列为隐含层提供 Δ_j 值。Δ 值的传播规则如下：

$$\Delta_j = g'(in_j) \sum_k w_{i,k} \Delta_k$$

(5-27)

关于输入层和隐含层之间的权重更新规则本质上与输出层的更新规则相似：

$$w_{j,k} < - w_{j,k} + \alpha \times \alpha_i \times \Delta_j$$

(5-28)

反向传播过程总结如下：

用观察到的误差，计算输出单元的 Δ 值。

从输出层开始，重复下述步骤，直到达到最早的隐含层：将 Δ 值传播回其前一层；更新这两层之间的权重。

为了数学上的严谨性，现在从基本原理出发，推演反向传播公式。除了需要应用链规则多次外，推演很类似于 logistic 回归的梯度演算。

计算第 k 个输出的、关于 $C=(y_k-a_k)^2$ 的梯度。除了连接到第 k 个输出单元的权重 w_k 之外，该损耗相对于连接隐含层和输出层权重的梯度将是 0。对于这些权重，有：

$$\frac{\partial C}{\partial w_{j,k}} = -2(y_k - \alpha_k)\frac{\partial a_k}{\partial w_{j,k}} = -2(y_k - a_k)\frac{\partial g(in_k)}{\partial w_{j,k}}$$

$$= -2(y_k - \alpha_k)\,g'(in_k)\frac{\partial in_k}{\partial w_{j,k}} = -2(y_k - a_k)g'(in_k)\frac{\partial\left(\sum_j w_{j,k}a_j\right)}{\partial w_{j,k}} \quad (5-29)$$

$$= -2(y_k - \alpha_k)\,g'(in_k)\,a_j = -a_j\Delta_k$$

其中 Δ_k 如前所定义。为了获得相对于连接输入层和隐含层的权重 $w_{i,j}$ 的梯度，必须展开激活 a_j，并再次施加链规则。详细剖析求导过程如下：

$$\frac{\partial C}{\partial w_{j,k}} = -2(y_k - \alpha_k)\frac{\partial a_k}{\partial w_{i,j}} = -2(y_k - a_k)\frac{\partial g(in_k)}{\partial w_{i,j}}$$

$$= -2(y_k - \alpha_k)\,g'(in_k)\frac{\partial in_k}{\partial w_{i,j}} = -2\Delta_k\frac{\partial\left(\sum_j w_{j,k}a_j\right)}{\partial w_{i,j}}$$

$$= -2\Delta_k\frac{\partial a_j}{\partial w_{i,j}} = -2\Delta_k w_{j,k}\frac{\partial g(in_j)}{\partial w_{i,j}} \quad (5-30)$$

$$= -2\Delta_k w_{j,k}g'(in_k)\frac{\partial in_j}{\partial w_{i,j}} = -2\Delta_k w_{j,k}g'(in_k)\frac{\partial\left(\sum_j w_{i,j}a_i\right)}{\partial w_{i,j}}$$

$$= -2\Delta_k w_{j,k}g'(in_j)\,\alpha_i = -a_i\Delta_j$$

其中 Δ_k 如前所定义。由此可以获得更新规则。同样的过程也适合于多于一层的隐含层。

5.5　本章小结

神经网络是基于经验风险最小化原则的学习算法。通过前面的分析，不难发现神经网络展示了一种新的学习形式。概括起来，这一学习形式的结构特点如下。

（1）多个节点相互连接形成了多层的网状结构，如包含隐含层的三层神经模型；网络有训练数据的输入和决策变量的输出，训练数据与决策数据构成了两个集合。

（2）多层网状结构的节点共同协作描述事物规律，如前向神经网络和后向神经网络；这些节点相互连结、共同作用、相互协作形成一个能有输出结果的结构。

（3）微积分的结构构成了反馈与网络更新演化的方向，如似然估计。通过建立输出结果与多层网状结构节点之间的关系可以建立一系列不同的决策模型。

同时多层网络结构形状的变化以及矩阵的引入可以丰富映射关系的构成。实际上深度学习中的许多算法正是基于这一思想形成的，如玻尔兹曼机、卷积神经网络等。

第六章

强化学习

　　强化学习是与监督学习以及无监督学习相并列的一种学习类型，它是智能体基于外部环境的不确定性进行认知的一种形式，通过最大化评估函数的学习方法获取从环境状态到行为的映射函数以对系统的决策和行为产生影响。基于贝叶斯原理产生的贝叶斯信念网络、动态贝叶斯网络以及马尔可夫决策过程（Markov Decision Process, MDP）构成了现代强化学习的基本描述框架。

6.1　朴素贝叶斯

　　定义：在满足如下的条件下：

（i）$\bigcup\limits_{i=1}^{n} A_i = S$

(ii) $A_i A_j = \phi$, $(i \neq j)$, $i, j = 1, 2, \cdots, n$.

称集合 $\{A_1, A_2, \cdots, A_n\}$（$n$ 可为 ∞）为样本空间 S 的一个划分。

定理 设 $\{A_1, A_2, \cdots, A_n\}$ 是 S 的一个划分，且 $P(A_i) > 0 (i = 1, \cdots, n)$，则对任何事件 $B \in S$，有

$$P(A_j \mid B) = \frac{P(A_j) P(B \mid A_j)}{\sum_{i=1}^{n} P(A_j) P(B \mid A_i)}, \quad (j = 1, \cdots, n) \qquad (6\text{-}1)$$

式（6-1）就称为贝叶斯公式。

贝叶斯公式给出了"结果"事件 B 已发生的条件下，"原因"属于事件 A_i 的条件概率。

从这个意义上讲，它是一个"执果索因"的条件概率计算公式. 相对于事件 B 而言，概率论中把 $P(A_i)$ 称为先验概率（Prior Probability），而把 $P(A_i|B)$ 称为后验概率（Posterior Probability），这是在已有附加信息（即事件 B 已发生）之后对事件发生的可能性做出的重新认识，体现了已有信息带来的知识更新。

贝叶斯定律：设 X 是类标号未知的数据样本。设 H 为某种假定，如数据样本 X 属于某特性的类 C。对于分类问题，即给定观测数据样本 X，H 成立的概率为 $P(H|X)$。$P(H|X)$ 为后验概率，或称为条件 X 下 H 的后验概率。$P(H)$ 为先验概率，或称 H 的先验概率。

贝叶斯定律提供了一种由 $P(X)$、$P(H)$ 和 $P(H|X)$ 计算后验概率 $P(H|X)$ 的方法：

$$P(H|X) = \frac{P(H|X) P(H)}{P(X)} \qquad (6\text{-}2)$$

假定一个属性值对给定类的影响独立于其他属性的值，这一假定称作

类条件独立。做此假定是为了简化计算，并在此意义下被称为"朴素的"。

朴素贝叶斯分类包括如下过程：

（1）每个数据样本用一个 n 维特征向量 $X(x_1, x_2, \cdots, x_n)$ 表示，分别描述对 n 个属性 $A_1, A_2, \cdots, A_n$ 样本的 n 个度量；

（2）假设有 m 个类 $C_1, C_2, \cdots, C_m$。给定一个未知的数据样本 $X(x_1, x_2, \cdots, x_n)$（即没有类标号），朴素贝叶斯分类将未知的样本分配给类 C_i，当且仅当：

$$P(X|C_i)P(C_i) > P(X|C_j)P(C_j), \quad (1 \leqslant j \leqslant m, \ j \neq i) \qquad (6\text{-}3)$$

根据贝叶斯定理，最大化 $P(C_i|X)$ 即可进行分类。其中 $P(C_i|X)$ 最大的类 C_i 称为最大后验假定。其中 $P(X)$ 代表属性集 $(A_1, A_2, \cdots, A_n)$ 取值为 $(x_1, x_2, \cdots, x_n)$ 时的联合概率，为常数。所以最大化时只需对 $P(C_i|X)P(C_i)$ 最大化即可。类的先验概率可以用 $P(C_i) = S_i / S$ 计算，其中 S_i 是 C_i 中的训练样本数，而 S 是训练样本总数。

$$P(C_i|X) = P(X|C_i)P(C_i)/P(X), \quad (1 \leqslant j \leqslant m, \ j \neq i) \qquad (6\text{-}4)$$

（3）给定具有许多属性的数据集，计算 $P(X|C_i)$，即 $P(A_1 = x_1, \cdots, A_n = x_n | C_i)$ 的开销可能非常大。为了降低计算 $P(X|C_i)$ 的开销，可以做类条件独立的朴素假定。给定样本的类标号，假定属性值互相条件独立，即在属性间不存在依赖关系。这样，

$$P(X|C_i) = \prod_{k=1}^{n} P(X_k|C) \qquad (6\text{-}5)$$

概率 $P(X_1|C_i), P(X_2|C_i), \cdots, P(X_n|C_i)$ 可以由训练样本估值。

6.2 贝叶斯信念网

贝叶斯信念网是朴素贝叶斯分类的一种完善。由于朴素贝叶斯分类的假设条件——"数据中的属性相对于类标号是相互独立的"在现实世界并不一定能满足。因此，需要采用新的基于统计理论的、具有较强理论根基、采用简洁易懂的图解方式表达的概率分布的方法。这个结构称为贝叶斯信念网。

贝叶斯信念网络是图形模型，可以表示属性子集间的依赖，即属性间不是独立的。这个图形像是节点结构图，每一个节点代表一个属性，节点间用有向连接线连接，但不能成环。其工作原理为：

（1）基于统计学中的条件独立，即给定父辈节点属性，每个节点对于它的祖辈、曾祖辈等都是条件独立的。

（2）根据概率理论中的链规则，n 个属性 a_i 的联合概率可以分解为如下乘积：

$$P(\alpha_1, \alpha_2, \cdots, \alpha_n) = \prod_{i=1}^{n} P(\alpha_i \mid \alpha_{i-1}, \cdots, \alpha_1) \tag{6-6}$$

贝叶斯信念网络是一个无环图，因此，可以对网络节点进行排序，使节点 a_i 的所有先辈节点序号小于 i。然后，由于条件独立假设：

$$P(\alpha_1, \alpha_2, \cdots, \alpha_n) = \prod_{i=1}^{n} P(\alpha_i \mid \alpha_{i-1}, \cdots, \alpha_1) = \prod_{i=1}^{n} P(\alpha_i \mid \alpha_i \text{ 的父节点})$$

$$\tag{6-7}$$

贝叶斯信念网络中，变量之间的依赖关系提供了一种因果关系的几何图形，可以在其上进行学习。信念网络主要有如下两部分定义。

（1）第一部分是有向无环图（dag），表示变量之间的依赖关系；有向无环图中的每一个节点代表一个随机变量；每一条弧（两个节点间连线）代表一个概率依赖。若一条弧从节点 Y 到节点 X，那么 Y 就是 X 的一个父节点，X 就是 Y 的一个子节点（如图 6-1 所示）。给定父节点，每个变量有条件地独立于图中非子节点。变量既可取离散值，也可取连续值。它们既可对应数据集中实际的变量，也可对应数据集中的"隐含变量"，以构成一个关系。对于贝叶斯网络中的一个节点，如果它的父母节点已知，则该节点条件独立于它的所有非后代节点。

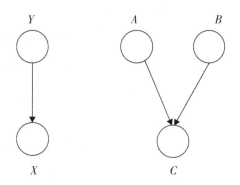

图 6-1 使用有向无环图表示概率关系

（2）第二部分是每个属性的条件概率表，包含所有变量的条件概率表（Conditional Probability Table，CPT）把各节点和其直接父节点关联起来。

对于一个变量 Z，CPT 定义了一个条件分布 $P(Z|parent(Z))$；其中，$parent(Z)$ 表示 Z 的父节点。因此，除了网络拓扑结构要求的条件独立性外，每个节点还关联一个概率表。

如果节点 X 没有父母节点,则表中只包含先验概率 $P(X)$;如果节点 X 只有一个父母节点 Y,则表中包含条件概率 $P(X \mid Y)$;如果节点 X 有多个父母节点 $\{Y_1, Y_2, \cdots, Y_K\}$,则表中包含条件概率 $P(X \mid Y_1, Y_2, \cdots, Y_K)$。

一般而言,贝叶斯网络的有向无环图中的节点表示随机变量,它们可以是可观察到的变量,抑或是隐变量、未知参数等。连接两个节点的箭头代表此两个随机变量是具有因果关系或是非条件独立的;节点中变量间若没有箭头相互连接一起的情况就称为随机变量彼此间为条件独立;若两个节点间以一个单箭头连接在一起,表示其中一个节点是"因(parents)",另一个是"果(descendants or children)",两节点就会产生一个条件概率值。

贝叶斯信念网络的有向无环图和每个属性条件概率表提供了一种用图形模型来捕获特定领域的先验知识的方法,贝叶斯信念网络还可以用来对变量间的因果关系进行编码;构造网络虽然会费时费力,然而网络结构一旦确定下来,添加新变量则十分容易。

贝叶斯信念网络适合处理不完整数据。对有属性遗漏的实例可以通过对该属性的所有可能取值的概率求和或求积分来加以处理,因为数据和先验知识以概率的方式结合起来了,所以该方法对模型的过分拟合问题是非常鲁棒的。

6.3 动态贝叶斯网络

动态贝叶斯网络(Dynamic Bayesian Network,DBN)是一个随着毗邻时间步骤把不同变量联系起来的贝叶斯网络。这通常被叫作"两个时间片"的贝叶斯网络,因为 DBN 在任意时间点 T,变量的值可以从内在的回归量和直接先验值（time T-1）计算。DBN 是贝叶斯信念网的扩展。

在系统与外界的交互中，处于可观察环境中的系统单元必须能够掌握当前状态，对当前状态的掌握要达到它们的感知所允许的程度。其观察和度量必然要与其前和其后发生的情况有关。从自组织的角度看，智能体通过维护信念状态（belief state）来表示当前环境中的哪些状态是可能的；同时借助信念状态和转移模型（transiton model），智能体能够预测在下一个时间节点环境将如何变化（关于自组织的介绍，在第七章有详细介绍）。依据观察到的感知信息和感知模型，系统单元可以更新信念状态。系统单元根据哪些状态是可能的（possible）来定义信念状态。为了量化，可以用概率来度量对信念状态的各元素的信念程度。其中，对时间这一特殊要素的处理方法是，在每个时间节点对环境状态的每个方面用一个变量表示，通过这种方式对变化的环境进行建模。对于不确定性，转移模型描绘了给定过去时刻的环境状态在时刻 t 的概率分布；感知模型则描述了给定当前时刻的环境状态在时刻 t 每个感知的概率分布。

一般时序模型是动态贝叶斯网络的一般形式，它展示了动态贝叶斯网络的基本推理逻辑，基于一般时序模型可以展开相当丰富的应用与变化形式。

6.4　一般时序模型

文献［2］认为可以将世界看作是一系列快照或时间片（time slice），每个快照或时间片都包含了一组随机变量，其中一部分是可观察的（即样本），而另一部分则是不可观察的（即推测）。一旦确定了给定问题的状态变量与证据变量的集合，下一步便是要指定世界如何演变（转移模型）以及证据变量如何得到它们的取值（观测模型）。

下面综合引用文献［2］中的部分内容对一般时间序列模型（简称时序模型）进行介绍。该模型如图 6-2 所示：

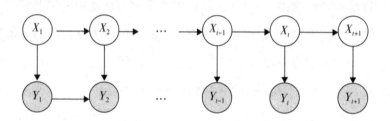

图 6-2 一般时序模型

这个模型包含两组变量，一组是状态变量，用 X 表示；另一组是观测变量，用 Y 表示。状态变量反映了系统的真实状态，一般不能被直接观测，即使被直接观测也会引进噪声；观测变量是通过测量得到的数据，它与状态变量之间有规律性的联系。举个例子，假设有一个人待在屋子里不知道外边有没有下雨，于是他观察进屋子里的人是否带伞，这里有没有下雨就是状态，有没有带伞就是观测。

上边这个模型有两个基本假设：一是马尔可夫假设。假设当前状态只与上一个状态有关，而与上一个状态之前的所有状态无关。用公式来表示如下：

$$P(X_t \mid X_{0:t-1}) = P(X_t \mid X_{t-1}) \tag{6-8}$$

上面的 P 被称为状态转移概率。如上面那个雨伞的例子，我们会认为今天下不下雨只与昨天下不下雨有关，与以前没有关系。

因此，在一阶马尔可夫过程中，转移模型就是条件分布 $P(X_t \mid X_{t-1})$。二阶马尔可夫过程的转移模型是条件分布 $P(X_t \mid X_{t-2}, X_{t-1})$。图6-3显示了分别与一阶和二阶马尔可夫过程相对应的贝叶斯结构。

（a）与一个包含由变量 X_t 所定义的状态的一阶马尔可夫过程相对应的贝叶斯网络

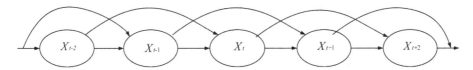

（b）一个二阶马尔可夫过程相对应的贝叶斯网络

图6-3　马尔可夫过程与贝叶斯网络

即使有了马尔可夫假设，仍然有个问题：t 有无穷多个可能的值。是否需要为每个时间步骤确定一个不同的分布呢？为了解决这个问题，假设世界状态的变化是由一个稳态过程引起的——也就是说，变化的过程是由本身不随时间变化的规律支配的（不要混淆静态和稳态：在一个静态过程中，状态本身是不会发生变化的）。于是，状态变化的条件概率 $P(R_t \mid R_{t-1})$ 对于所有的时间片都是相同的，因此我们只需要指定一个条件概率表就可以了。

二是观测假设（又叫证据假设、观察者假设）。假设当前观测值只依赖于当前状态，与其他时刻的状态无关。用公式来表示如下：

$$P(Y_t \mid X_{1:t}) = P(Y_t \mid X_t) \tag{6-9}$$

上面的 P 被称为观测概率（也有其他叫法）。例如，上面那个雨伞的例子，进来的人带不带伞只与今天下不下雨有关系，与之前或未来下不下雨没关系。

现在来看观测模型。假设当前观测值只依赖于当前状态，与其他时刻的状态无关。用公式来表示此马尔可夫假设（sensor Markov assumption）如下：

$$P(Y_t \mid X_{0:t}, Y_{0:t-1}) = P(Y_t \mid X_t) \qquad (6\text{-}10)$$

因此，$P(Y_t \mid X_t)$ 是观测模型（observation model，有时也被称为传感器模型）。注意式（6-10）中状态变量和传感器之间的依赖方向："箭头"从世界的实际状态指向观测值，因为世界的状态造成观测具有特定取值，如下雨（状态值）造成雨伞（观测值）的出现。推理过程是按照相反的方向进行的：模型依赖性方向与推理方向的区别是贝叶斯网络的主要优点之一。

除了确定转移模型和观测模型以外，还需要指定所有的事情是如何开始的——指定时刻 0 时的先验概率分布。有了这些，使用公式（6-7）就能确定所有变量上完整的联合概率分布。对于分布 t，我们有：

$$P(X_{0:t}, Y_{1:t}) = P(X_0) \prod_{i=1}^{t} P(X_i \mid X_{i-1}) \, P(Y_i \mid X_i) \qquad (6\text{-}11)$$

公式（6-11）右边的三个项分别是初始状态模型 $P(X_0)$、转移模型 $P(X_i \mid X_{i-1})$ 和观测模型 $P(Y_i \mid X_i)$。

图 6-3（a）的结构是一个一阶马尔可夫模型——例如，假设下雨的概率只依赖于前一天是否下雨。这样的假设是否合理取决于问题域本身。一阶马尔可夫假设认为，状态变量包含了刻画下一个时间片的概率分布所需要的全部信息。有时候这个假设完全成立——假如，一个粒子沿 x 轴方向执行随机行走，在每个时间片都会发生 ±1 的位置改变，那么可以用粒子的 x 坐标作为状态来给定一阶马尔可夫过程。通过马尔可夫假设和观测假

设，一个时序模型（记为 λ）可以被状态转移概率矩阵和观测概率矩阵唯一确定。这两个假设可以极大地将问题简化，而且很多实际情况符合这两个假设。有时候这个假设仅仅是近似，如同仅仅根据前一天是否下过雨来预测今天是否会下雨的情形一样。有如下两种方法可以提高近似的精确程度。

（1）提高马尔可夫过程模型的阶数。例如，可以通过为节点 $Rain_t$ 增加父节点 $Rain_{t-2}$ 构造一个二阶马尔可夫模型甚至更高阶的马尔可夫模型，如二阶 $P(X_{t+1} \mid X_{1:t}) = P(X_{t+1} \mid X_{t-1:t})$，如图 6-3（b）所示。

（2）扩大状态变量集合。例如，可以增加变量 $Season_t$ 以允许结合雨季的历史记录考虑，或者我们可以增加 $Temprature_t$、$Humididty_t$（时刻 t 的湿度）、$Pressure_t$（时刻 t 的气压）以允许我们使用降雨条件的物理模型。

基于上面讨论的一般时序这个模型可以完成的任务主要如下。

（1）滤波与预测。

根据 $P(X_t \mid Y_{1:t})$，可以由现在及以前的所有测量值估计当前的状态；或者说基于截至目前的所有证据，可以计算当前状态的后验概率分布。这称之为滤波。在雨伞的例子中，根据截至目前进入室内的人携带雨伞的所有测量数据值可以计算今天下雨的概率。

滤波是一个智能体为掌握当前状态以便进行理性决策所需要采取的行动。一个有用的滤波算法需要维持一个当前状态估计并进行更新，而不是每次更新时回到整个历史测量数据。否则，随着时间的推移每次更新的代价会越来越大。换句话说，给定直到时刻 t 的滤波结果，智能体需要根据新的证据 y_{t+1} 来计算 $t+1$ 时刻的滤波结果。也就是说，存在某个函数 f 满足：

$$P(X_{t+1} \mid y_{t+1}) = f(y_{t+1}, P(X_t \mid y_{1:t})) \tag{6-12}$$

这个过程被称为递归估计（recursive estimation）。其计算过程由两步构成：第一步，将当前的状态分布由时刻 t 向前投影到时刻 $t+1$；第二步，通过新的证据 y_{t+1} 进行更新。如果重排公式，这个两步的过程能够很容易得到：

$$P(X_{t+1} \mid Y_{1:t+1}) = P(X_{t+1} \mid Y_{1:t}, Y_{t+1}) = \alpha P(Y_{t+1} \mid X_{t+1}, Y_{1:t}) \, P(X_{t+1} \mid Y_{1:t})$$
$$= \alpha P(Y_{t+1} \mid X_{t+1}) \, P(X_{t+1} \mid Y_{1:t}) \tag{6-13}$$

在这里以及整个这一章，α 都表示一个归一化常数以保证所有概率的和为 1。式（6-13）中的 $P(X_{t+1} \mid Y_{t+1})$，表示的是对下一个状态的单步预测，而 α 则通过新证据对其进行更新；注意 $P(Y_{t+1} \mid X_{t+1})$ 可以从传感器模型中直接得到。在这里，进行计算的前提条件是要具有过去所有的测量数据，即计算每一个时刻的概率都要回顾整个历史测量数据，这样做的结果是随着时间的推移，更新的代价会越来越大。所以需要寻找一种办法，使得根据 t 时刻的滤波结果和 $t+1$ 时刻的测量数据，就能计算出 $t+1$ 时刻的滤波结果，这一过程称为递归估计。

在上面的式子中，第一步到第二步根据贝叶斯方程，同时所有证据（条件）都发生，相当于先考虑当前证据（条件，即 Y_{t+1}），其他的 $Y_{1:t}$ 保持不变；或者说相当于先考虑 Y_{t+1} 对 X_{t+1} 的影响，然后再考虑 $Y_{1:t}$ 对前面这一分析的影响（虽然 $Y_{1:t+1}$ 是协作起作用的，但为处理方便，先假设 $Y_{1:t}$ 存在但无任何作用或影响；处理完 Y_{t+1} 后再分析 $Y_{1:t}$ 对结果的每一部分的影响，所以概率表示式中的，只表示带过来，并无具体量化表示形式。在第三步的后面的部分 $Y_{1:t}$ 对 X_{t+1} 的影响是由第二步可知 $Y_{1:t}$ 是前提条件）。第二步到第三步根据观测假设。前面加 α 是因为 $Y_{1:t}$ 发生，X_{t+1} 有发生和不发生两种情况，其概率和为 1；$Y_{1:t}$ 不发生，X_{t+1} 也有发生和不发生两种情况，其概率和为 1。但如果混和，即 $Y_{1:t}$ 发生的条件下 X_{t+1} 发生的概率和 $Y_{1:t}$ 不发生的条件下 X_{t+1} 发生的概率，这二者之间并没有概率和为 1 的关系，所以为了归一化，在这里加入了一个系数 α。或者说贝叶斯公式本身右边是有一个分母的，这个分母就用系数 α 表示了。第二步到第三步是基于条件独立性。第三步的前一项是状态转移概率，模型已知，后面一项是一个单步预测，对单步预测做进一步的转换：

$$
\begin{aligned}
P(X_{t+1} \mid Y_{1:t}) &= \sum_{X_t} P(X_{t+1}, X_t \mid Y_{1:t}) \\
&= \sum_{X_t} P(X_{t+1} \mid X_t, Y_{1:t}) P(X_t \mid Y_{1:t}) \\
&= \sum_{X_t} P(X_{t+1} \mid X_t) P(X_t \mid Y_{1:t})
\end{aligned}
\tag{6-14}
$$

式（6-14）中，后面这一项的展开同前的分析，只不过，这一次是把状态变量 X_t+1 分成了当前状态和历史状态两部分。但为了表明 X_t 对 X_{t+1} 影响的全面性，通过求和来表示。式（6-14）中第一步应该比较好理解，$t+1$ 时刻某个状态可能由 t 时刻任何一个状态转移而来，所以 $t+1$ 时刻某个状态的概率就等于 t 时刻所有可能状态的概率乘以相应的转移概率求和，第一步到第二步根据贝叶斯方程，第二步到第三步根据马尔科夫假设。第三步第一项是状态转移概率，模型已知，第二项即 t 时刻的滤波结果，这样我们就可以利用 t 时刻的滤波结果递推 $t+1$ 时刻的滤波结果了。递推公式可以表示为：

$$
\begin{aligned}
P(X_{t+1} \mid y_{1:t+1}) &= \alpha P(y_{t+1} \mid X_{t+1}) \sum_{x_i} P(X_{t+1} \mid x_t, y_{1:t}) P(x_t \mid y_{1:t}) \\
&= \alpha P(y_{t+1} \mid X_{t+1}) \sum_{x_i} P(X_{t+1} \mid x_t) P(x_t \mid y_{1:t})
\end{aligned}
\tag{6-15}
$$

在这个求和表达式（6-15）中，第一个因子来自转移模型，第二个因子来自当前状态分布。因此，就得到了想要的递归公式。可以认为滤波估计 $P(X_t \mid Y_{1:t})$ 是沿着序列向前传播的消息 $f_{1:t}$，它在每次转移时得到修正，并根据每个新的观察进行更新。这个过程是：

$$f_{1:t+1} = \alpha FORWARD(f_{1:t}, Y_{t+1}) \qquad (6\text{-}16)$$

其中 *FORWARD* 实现了公式（6-15）中描述的更新过程，开始时，若所有的状态变量都是离散的，每次更新所需要的时间就是常数（也就是说，不依赖于 t），所需要的空间也是常数（当然，这些常数取决于状态空间的大小以及问题中的特定类型的时序模型）。如果一个存储器有限的 Agent 要在一个无界的观察序列上记录当前的状态分布，更新所需的时间和空间都必须是常数。

根据 $P(X_{t+k} \mid Y_{1:t})$，$k>0$，可以基于现在及以前的所有测量数据估计未来某一时刻的状态；或者说基于截至目前的所有证据，计算未来状态的后验分布。这称之为预测。在雨伞的例子中，可以根据截至目前进入室内的人携带雨伞的所有观察数据计算从今天开始若干天后下雨的概率。

预测的任务可以被简单地认为是没有增加新证据的条件下的滤波。事实上，滤波过程已经包含了一个单步预测，并且根据对时刻 $t+k$ 的预测就能够很容易地推导出对时刻 $t+k+1$ 的状态预测的递归计算过程如下：

$$P(X_{t+k+1} \mid Y_{1:t}) = \sum_{x_{t+ki}} P(X_{t+k+1} \mid X_{t+k}) P(X_{t+k} \mid Y_{1:t}) \qquad (6\text{-}17)$$

自然地，这个计算只涉及转移模型，不涉及传感器模型。

注意：预测研究的是由当前测量数据 y_{t+1} 研究当前状态 X_{t+1}。

（2）平滑，计算。

根据 $P(X_k \mid Y_{1:t})$ ，$0 < k < t$ ，可以由现在及以前的所有测量数据估计过去某个时刻的状态。在雨伞的例子中，可以根据截至目前进入室内的人携带雨伞的所有观察数据，计算过去某一天的下雨概率。

如前所述，平滑是给定截至现在的已知证据，来计算过去状态的分布过程；也就是，对于 $0 \leqslant k < t$ 计算 $P(X_t \mid Y_{1:t})$ （如图 6-4 所示）。我们预期另一个递归的消息传递方法，所以我们可以将这个计算分成两个部分——直到时刻 k 的证据以及从时刻 $k+1$ 到时刻 t 的证据：

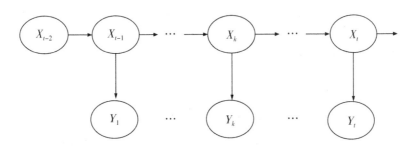

图 6-4　平滑示意图

$$P(X_k \mid Y_{1:t}) = P(X_k \mid Y_{1:k}, Y_{k+1:t}) = \alpha P(X_k \mid Y_{1:k}) \, P(Y_{k+1:t} \mid X_k, Y_{1:k})$$

$$= \alpha P(X_k \mid Y_{1:k}) \, P(X_{k+1:t} \mid X_k) = \alpha \boldsymbol{f}_{1:k} \times \boldsymbol{b}_{k+1:t} \qquad (6\text{-}18)$$

式（6-18）中的第二步利用了贝叶斯规则，第三步利用了条件独立性。其中 "×" 表示向量的逐点相乘。类似于前向消息 $f_{1:k}$ ，这里定义了"后向"消息 $\boldsymbol{b}_{k+1:t} = P(y_{k+1:t} \mid X_k)$ 。根据公式（6-15），前向消息 $f_{1:k}$ 可以通过从时刻 1 到 k 的前向滤波过程计算。而后向消息 $b_{1:k}$ 可以通过一个从 t 开始向后运行的递归过程来计算：

$$P(Y_{k+1:t} \mid X_k) = \sum_{x_{k+1}} P(Y_{k+1:t} \mid X_k, X_{k+1}) \, P(X_{k+1} \mid X_k)$$

$$= \sum_{x_{k+1}} P(Y_{k+1:t} \mid X_{k+1}) \, P(X_{k+1} \mid X_k)$$

$$= \sum_{x_{k+1}} P(Y_{k+1:t} Y_{k+2:t} \mid X_{k+1}) \, P(X_{k+1} \mid X_k) \qquad (6\text{-}19)$$

$$= \sum_{x_{k+1}} P(Y_{k+1} \mid X_{k+1}) \, P(X_{k+2:t} \mid X_{k+1}) \, P(X_{k+1} \mid X_k)$$

其中最后一步遵循给定 X_{k+1} 下的证据 Y_{k+1} 和 $Y_{k+2:t}$ 之间的条件独立性。在这个求和式的三个因子中，第一个和第三个是从模型直接得到的，而第二个则是"递归调用"。使用消息符号，我们有：

$$\boldsymbol{b}_{k+1:t} = BACKWARD(\boldsymbol{b}_{k+2}, Y_{k+1}) \qquad (6\text{-}20)$$

平滑研究的是由 $e_{1:t}$ 研究中间一个状态 X_k。

其中 *BACKWARD* 实现了公式（6-19）描述的更新过程。和前向递归相同，后向递归中每次更新所需要的时间和空间都是常量，因此与 t 无关。

现在可以看出，公式（6-18）中的两个项都可以通过对时间进行递归而计算，其中一项是通过滤波公式（6-15）从时刻 1 到 k 向前进行计算，另一项则通过公式（6-18）从时刻 t 到 $k+1$ 向后进行计算。注意向后阶段的初始值为 $\boldsymbol{b}_{t+1:t} = P(Y_{t+1:k} \mid X_t) = P(\mid X_t) \boldsymbol{I}$，其中的 $\boldsymbol{I}$ 表示由 1 组成的向量。（因为 Y_{t+1} 是一个空序列，观察到它的概率等于 1。）

前向递归和后向递归在每一步中花费的时间量都是常数，因此关于证据 $Y_{1:t}$ 的平滑算法的时间复杂度是 $O(t)$。这是对一个特定时间步 k 进行平滑的复杂度。显然，如果我们想平滑整个序列，就是对每个要平滑的时间步运行一次完整的平滑过程，这导致时间复杂度为 $O(t^2)$。

除上述两项问题之外，一般时序模型还可以对发生的问题的可能原因进行解释，主要表现在根据 $argmax_{x_{1:t}} P(X_{1:t} \mid Y_{1:t})$ 可以由现在及以前的所有测量数据找到最可能生成这些测量数据的状态序列。例如，如果前三天每天都出现雨伞，但第四天没有出现，最有可能的解释就是前三天下雨了，而第四天没下雨。最可能的解释也被称为解码问题，在语音识别、机器翻译等方面比较有用，这其中最典型的方法是隐马尔可夫模型。一般时序模型还可以进行评估，主要表现在公式 $P(Y_{1:t} \mid X_{1:t}, \lambda)$，意味着在该模型下，给定到目前为止的状态序列，计算输出特定观测序列的可能性。这是个评估问题，可以评估模型的好坏，概率越高，意味着模型越能反映观测序列与状态序列之间的联系，模型就越好。公式中的 λ 是指模型。一般时序模型还可以进行学习。这主要是计算 λ，即状态转移概率 $P(X_{t+1} \mid X_t)$ 和观测概率 $P(X_t \mid X_t)$，学习的目的是根据历史数据得到合理的模型，一般是根据一个目标函数对模型进行迭代更新。

上边列出了一般时序模型要解决的各种问题，这些丰富的内容构成了人工智能中不同于机器学习、深度学习的重要内容。

6.5 马尔可夫模型

随机过程是对一系列随机变量（或事件）变迁或者说动态关系的描述。一般来说，在随机过程所描述的动态关系中，某一时刻的状态与其邻近时刻的状态有关，并且时间间隔越久远，这种关联度越弱，这一现象经过数学描述，就得到了用途十分广泛的马尔可夫过程。简单来说，一个随机过程如果给定了当前时刻 t 的值 X_t，如果 X_s ($s>t$) 的值不受过去的值 X_u ($s>t$) 的影响，就称该随机过程具有马尔可夫性。马尔可夫过程是目前发展很快、应用十分广泛的随机过程的经典类型。在这种类型中，如马尔可夫性所述，未来的状态只取决于现在的状态而和过去的状态无关。也就是不管过去怎样，只要现在的状态确定了，未来状态的可能性就决定好了。

为描述变迁或状态的动态变化，马尔可夫过程按照状态变量和时间变量的属性是离散还是连续，可以划分为四个类别，即：

（1）时间离散、状态离散的马尔可夫过程，常被称为马尔可夫链；

（2）时间连续、状态离散的马尔可夫过程，常被称为纯不连续马尔可夫过程；

（3）时间离散、状态连续的马尔可夫过程，常被称为马尔可夫序列；

（4）时间连续、状态连续的马尔可夫过程，常被称为连续马尔可夫过程或扩展过程。

如上述类别划分，马尔可夫链就是状态空间为可数集的马尔可夫过程。

如上所述，马尔可夫链就是状态和时间参数皆为离散的马尔可夫过程，具体定义为：设随机过程 $X(t)$ 在任一时刻 $t_n(n=1,2,\cdots)$ 的采样为 $X_n = X(t_n)$，其所可能取得的状态为 $a_1, a_2, \cdots, a_N$ 之一，且过程只在 t_1，$t_2, \cdots, t_N$ 个时刻发生状态转移。此时，若过程 $X(t)$ 在 t_{m+k} 时刻变成任一状态 $a_i(i=1,2,\cdots,N)$ 的概率，只与过程在 t_m 时刻的状态有关，而与过程在 t_m 时刻以前的状态无关，即满足：

$$P\{X_{m+k} = a_{i_{m+k}} \mid X_m = a_{i_m}, X_{m-1} = a_{i_{m-1}}, \cdots, X_1 = a_{i_1}\}$$
$$= P\{X_{m+k} = a_{i_{m+k}} \mid X_m = a_{i_m}\} \tag{6-21}$$

则称该过程为马尔可夫链，简称马氏链。式（6-21）中 a_{i_j}（$j=m+k$，$m, \cdots, 1$）为状态 $a_1, a_2, \cdots, a_N$ 之一。

假设 $X_n = a_i$ 的状态概率表示为：

$$p_i(n) = P\{X_n = a_i\} \tag{6-22}$$

由状态概率 $p_i(n)$ 构成的列阵 $\boldsymbol{p}(n) = \begin{bmatrix} p_1(n) & p_2(n) \cdots & p_N(n) \end{bmatrix}^T$ 给出了 X_n 可能状态的概率分布列，列阵的各元素之和等于 1，即

$$\sum_{j=1}^{N} p_j(n) = 1 \tag{6-23}$$

对于马尔可夫链的统计特性，除了状态概率外，一个重要的统计描述是状态转移概率。我们称马尔可夫链在时刻 t_s 位于 a_i 的条件概率为状态转移概率，记为 $p_{i,j}(s,n)$ ，即

$$p_{i,j}(s,n) = P\{X_n = a_j \mid X_s = a_i\} \tag{6-24}$$

根据全概率公式，有：

$$\begin{aligned}
p_j(n) &= \sum_{i=1}^{N} P\{X_n = a_j, X_s = a_i\} \\
&= \sum_{i=1}^{N} P\{X_n = a_j \mid X_s = a_i\} P\{X_s = a_i\} \\
&= \sum_{i=1}^{N} P_{ij}(s,n) P_i(s)
\end{aligned} \tag{6-25}$$

$$\sum_{j=1}^{N} P_{ij}(s,n) = \sum_{j=1}^{N} P\{X_n = a_j \mid X_s = a_i\} = 1 \tag{6-26}$$

由转移概率构成的矩阵：

$$\boldsymbol{P}(s,n) = \begin{bmatrix}
p_{11}(s,n) & p_{12}(s,n) & \cdots & p_{1N}(s,n) \\
p_{21}(s,n) & p_{22}(s,n) & \cdots & p_{2N}(s,n) \\
\cdots & \cdots & \cdots & \cdots \\
p_{N1}(s,n) & p_{N2}(s,n) & \cdots & p_{NN}(s,n)
\end{bmatrix} \tag{6-27}$$

此矩阵称为马尔可夫链的转移矩阵。转移矩阵阶数正好是状态空间中状态的总数，显然，矩阵中所有元素均非负，根据式（6-26），矩阵 $P(s,n)$ 的每一行的各元素之和等于 1。转移矩阵表示了状态转移过程的概率法则。根据式（6-25），有：

$$p(n) = P^{\mathrm{T}}(s,n)\, p(s) \tag{6-28}$$

矩阵表明了整个空间展开的形式。

如果马尔可夫链的转移概率 $P_{ij}(s,n)$ 只取决于差值 $n-s$，而与 n 和 s 本身的值无关，则称为齐次马尔可夫链，简称齐次链。

如果齐次链中所有状态的概率分布列相同，即：

$$p(n) = p(1) \tag{6-29}$$

则称此齐次链是平稳的。

为了更深入地研究马尔可夫链，需要对状态进行分类，下面将介绍相关的几种定义。

如果对于任意两个状态 a_i 和 a_j，总存在某个 n（$n \geq 1$），使得 $p_{ij}(n) > 0$，即从状态 a_i 出发，经 n 步转移以正的概率到达状态 a_j，可到达状态 a_j，记为 $a_{i\_} > a_j$。反之若状态 a_i 不能到达状态 a_j，则对所有的 n（$n \geq 1$），总有 $p_{ij}(n) = 0$。

设有两个状态 a_i 和 a_j，若由状态 a_i 出发可到达状态 a_j，即 $a_{i\_} > a_j$，且从状态 a_j 也可到达状态 a_i，则称状态 a_i 与状态 a_j 相通，记为 $a_{i\_} > a_j$。如果一个马尔可夫链中的每一个状态都可以到达所有别的状态（转移的步数可能不同），则该链和对应的转移矩阵称为不可约的。

到达与相通的性质如下：

到达具有传递性。即若 $a_{i_-} > a_k$，$a_{k_-} > a_j$，则 $a_{i_-} > a_j$。

相通具有传递性。即若 $a_{i_-} > a_k$，$a_{k_-} > a_j$，则 $a_{i_-} > a_j$。

不难看出，对于质点的随机游动，所有状态只要不带吸收状态，它与自己相邻的非吸收状态是相通的。这样，在不带吸收壁的随机游动中，所有状态都是相通的。而在带有吸收壁的随机游动中，除吸收状态外，其他状态也都是相通的。

如果两个状态相通，则称此二状态处于同一类中，可以根据相通的概念把状态空间分解成一些隔离的类。

从状态 a_i 开始，马尔可夫链能否不断地返回此状态是一个重要问题。对任意 $i, j \in I$（I 为状态空间）及 $1 \le n < \infty$，有：

$$p_{ij}(n) = \sum_{l=1}^{n} f_{ij}(l)\, p_{jj}(n-l) \tag{6-30}$$

从上面的讨论分析中可知，T_{ii} 表示从 a_i 出发，首次返回状态 a_i 所需时间。f_{ii} 表示从状态 a_i 出发，在有限步内迟早要返回状态 a_i 的概率，显然它是 0 与 1 之间的一个数。根据 f_{ii} 的取值情况，可把状态分成如下两类：

如果 $f_{ii}=1$，则称状态 a_i 是常返态；

如果 $f_{ii}<1$，则称状态 a_i 是非常返态，有时也称为滑过态。

若有正整数 t（$t>1$），仅在 $n=t,2t,3t,\cdots$ 时，$f_{ii}(n)>0$，则称状态 a_i 是具有周期性的状态，其周期为 t；当不存在上述的 t 时，状态 a_i 是非周期性的。

如果齐次马尔可夫链中，对于一切 i 与 j，存在不依赖 i 的极限，即：

$$\lim_{n \to \infty} p_{ij}(n) = p_j \tag{6-31}$$

则称该链具有遍历性。式（6-31）中 $p_{ij}(n)$ 是该链的 n 步转移概率。

这个式子的直观意义是，当转移步数 n 足够大时，不论 n 步以前是哪种状态 a_i，n 步后转移为状态 a_j 的概率都接近为 p_j。

矩阵的作用是可以将运算关系全局化、空间化。将矩阵表示成特定类型矩阵的乘积，这种表示称为矩阵的分解。在线性代数中，为研究齐次线性方程组解的结构，介绍了实向量空间的基本理论；在工程技术和科学计算以及数学领域的不同场合，许多集合本身所伴随的运算具有与实向量空间中的运算相同的本质特征。将类似的具有共同运算规律的数学对象进行统一的数学描述就得到抽象的线性空间的定义。线性空间及其向量是抽象的对象，不同空间的向量完全可以具有千差万别的类别及性质，但坐标却把它们统一了起来。一个向量的坐标依赖于基的选取，同一个向量在两组不同的基下的坐标一般是不相同的。

每个具有一定普遍意义的数值方法总是针对某类集合（如函数集或向量集或矩阵集等）而建立的，为了给出算法，进行误差分析或讨论收敛性，在集合中引入线性运算是线性空间的重要特征之一，有时在线性空间的基础上还需要进一步引入范数。

矩阵的分解为线性运算的求解提供了便利，如对于线性方程组 $Ax = b$，如果求解存在难度但其系数矩阵 A 存在三角分解 $A = LU$，这时，$Ax = b$ 就与方程组 $Ly = b$，$Ux = y$ 等价，而方程组 $Ly = b$，$Ux = y$ 可能会很变得容易求解。

对矩阵本身的分析也是一个有趣的问题，如矩阵的特征值和特征向量是矩阵理论中的一个重要问题，产品稳定性分析等实际问题常可归结为求方阵的特征值和特征向量的问题。

而对马尔可夫链来说，既然知道 s_t 时就能预测 s_{t+1} 时发生的概率，那么自然可以把有限状态空间的转移法则（transistion law）用矩阵表示。例如，如果状态空间只包含了两个状态 X 和 Y。如果今天是 X，那么明天还是 X

的概率为 0.6。如果今天是 Y，那么明天还是 Y 的概率为 0.8。转移矩阵可写为：

$$P = \begin{bmatrix} 0.6 & 0.4 \\ 0.2 & 0.8 \end{bmatrix} \tag{6-32}$$

如果今天的状态是 X 而不是 Y，那么明天是 X 还是 Y 的可能性为：

$$\begin{vmatrix} 1 & 0 \end{vmatrix} \times \begin{vmatrix} 0.6 & 0.4 \\ 0.2 & 0.8 \end{vmatrix} = \begin{vmatrix} 0.6 & 0.4 \end{vmatrix} \tag{6-33}$$

后天是 X 还是 Y 的可能性为：

$$\begin{vmatrix} 0.6 & 0.4 \end{vmatrix} \times \begin{vmatrix} 0.6 & 0.4 \\ 0.2 & 0.8 \end{vmatrix} = \begin{vmatrix} 0.44 & 0.56 \end{vmatrix} \tag{6-34}$$

大后天是 X 还是 Y 的可能性为：

$$\begin{vmatrix} 0.44 & 0.56 \end{vmatrix} \times \begin{vmatrix} 0.6 & 0.4 \\ 0.2 & 0.8 \end{vmatrix} = \begin{vmatrix} 0.352 & 0.648 \end{vmatrix} \tag{6-35}$$

这样一直持续下去，有可能会出现如下一种情况：

$$\pi \times P = \pi \tag{6-36}$$

如果出现了这种情况，那么式（6-36）中的 π 就成为转移矩阵 P 的转置的对应特征值（Eigenvalue）等于 1 的特征向量（Eigenvector），推导过程如下：

$$\pi = \pi P \tag{6-37}$$

$$\boldsymbol{\pi}\ (\boldsymbol{I}-\boldsymbol{P})\ =0 \tag{6-38}$$

$$(\boldsymbol{I}-\boldsymbol{P}')\ \boldsymbol{\pi}'=0 \tag{6-39}$$

$$(\boldsymbol{P}'-\boldsymbol{I})\ \boldsymbol{\pi}'=0 \tag{6-40}$$

求得的结果为：

$$\boldsymbol{\pi}^* = |\ 0.25 \quad 0.5\ | \tag{6-41}$$

状态机（State Machine，SM）由状态以及状态之间的转移组成。这里的状态是指系统中全部状态的集合。系统的全部状态构成整个系统的状态空间，而系统中状态之间的连接，则描述着状态之间的动态转移。

通常情况下，状态机指的是有限状态机。有限状态机（Finite‐state machine，FSM），又称有限状态自动机，是表示有限个状态以及这些状态之间动态行为关系的数学模型。有限状态机可以将复杂的逻辑简化为有限个稳定状态，构成一个闭环系统，从而可以用有限的状态处理无尽的事务，在稳定状态中判断事件。有限状态机也可以被理解为一种用来进行对对象行为建模的工具，其作用主要是描述对象在它的生命周期内所经历的状态序列，以及如何响应来自外界的各种事件。在计算机科学中，有限状态机被广泛用于硬件电路系统设计、建模应用行为、编译器、软件工程、网络协议等研究。

6.6 本章小结

通过前面的分析，不难发现动态贝叶斯网络是上面各种模型中的一般形式。概括起来，这一结构的特点如下：

（1）多个节点相互连接形成了由平行的链式结构连接形成的确定的网状结构，如一般时序模型；网络有测量变量的输入和状态变量的输出，测量变量与状态变量构成了两个集合。

（2）网状结构的节点共同协作描述事物规律，如前向递归和后向递归；这些节点相互连接、共同作用、相互协作形成一个能有输出结果的结构。

（3）概率的大小构成了反馈与网络更新演化的方向，如似然估计。通过建立状态变量与网状结构节点之间的关系可以建立一系列不同的应用模式。

同时有限状态机形成了一个新的代数体系实例，矩阵为实现问题的求解提供了方法，同时也丰富了映射关系的构成。

第七章

计算流与自组织

　　本书前几章分别对机器学习、深度学习和强化学习进行了较为全面的介绍，本节作为总结与展望，尝试从信息流与计算流的结合、学习中的自组织行为和学习的进一步抽象三个方面来解读上述三种学习行为，以便从更高的层次上获得对机器学习、深度学习和强化学习更为深刻的认识，为创造更好更新的学习方法以及建立与其他学科的联系奠定基础。

7.1　信息流与计算流的结合

　　计算机、互联网、移动互联网、物联网等信息技术的发展使世界以信息流的方式呈现在人类面前。信息流在计算机科学中是以数字的形式体现的，被数据库、数据仓库等所承载。但从几何上看，信息流是以空间中分布的样本点的形式呈现的。数据的多少决定了空间中样本点的数量。数据的属性多少决定了空间中维度的复杂性。

计算流是以集合和集合之间的映射关系呈现的。信息流与计算流的结合表现为将空间中分布的样本点以集合的形式进行构造，并探究集合的特征、集合的变换以及集合与集合之间的映射关系。在计算流中，空间的维度可以是无限的。空间中的样本点形成集合，通过引入运算以及交换律、分配律和结合律，集合进一步演变成为群、环、域，为研究集合与集合之间更复杂的结构与映射关系奠定了基础。集合再进一步通过极限和连续形成空间的拓扑。拓扑与拓扑之间形成新的结构和结构与结构之间的联系。线性空间是在群、环、域下形成的一个代数体系实例，在几何上呈现为向量空间。向量空间可以是有限维空间，也可以是无限维空间。内积和范数将向量空间中的点与代数的线性求和结合在了一起。

在向量空间和线性求和的基础上，微积分为实现问题的求解提供了方法和途径。在内积和范数的基础上，产生了基的概念，基于基可以实现对集合与集合之间映射或结构与结构之间联系的近似表示和逼近。本书前几章对机器学习和深度学习的介绍构成了这种近似表示和逼近的实例。

维的无限性和复杂的拓扑空间与线性空间簇的转化为更复杂的学习、认知行为的近似表示和逼近提供了可能。

7.2 学习中的自组织行为

人类具有高度的认知能力，可以跨越多个领域执行复杂的决策。作为人工智能的核心技术，机器学习、深度学习和强化学习提供了一种对人类学习能力的模拟与近似。那么这些模拟与近似人脑的学习方式及其衍生形式有什么联系呢，或者说有什么共性呢？这是一个有趣的问题。这个问题的有趣性在于，一方面可以为理解和掌握目前种类繁多的学习方式提供一种统一认识的途径，另一方面为创造和发展新的学习方式提供方向。

本书认为这些学习方式的共性在于它们都是自组织系统的实例形式，或者说人类的认知是一种自组织系统。人的感知与决策是自组织系统中感知网络与决策网络组成的星座结构。自组织理论是 20 世纪 60 年代末期开始建立并发展起来的一种系统理论。自组织理论目前已成为系统论研究的重要方向，它关注开放系统中自组织结构的产生、演化和由系统内在演化机制而导致的系统外部表现。自组织是指混沌系统在随机识别时形成耗散结构的过程，主要用于研究复杂系统。一般来说，组织是指系统内的有序结构或这种有序结构的形成过程。自组织的研究对象主要是复杂系统在一定条件下，如何自动地由无序走向有序，由低级有序走向高级有序。

自组织系统对人类认知的帮助作用在于它所具有的优秀的学习能力，这在前端的感知层面上体现为持续感知；而在后端的平台层面上体现在直接的观测—决策—执行回路的消失上。但实际上，这一回路并没有真正消失，而是被网络化了，它不再存在单个决策单元的自适应式的过程，如图 7-1 所示；而是在各个层次的各个功能单元均有自主的回路，同层（可以属于不同的子系统）的对象和相邻层级的对象有机地交互，形成复杂的分布式系统，如图 7-2 所示。

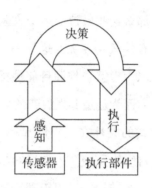

图 7-1　自适应单元

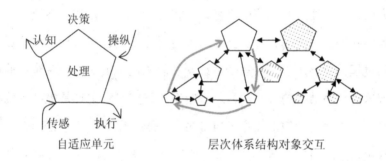

自适应单元　　　　　　　　层次体系结构对象交互

图 7-2　从自适应单元到自组织系统

　　这种基于自适应单元形成的自组织网络，强调系统基于探索的自适应调整性，具有非线性、多层、多维、多扰动、多系统的特征。为避免认知的单一性和局限性，它需要全方位地交换感知信息以高效率地变更系统架构，实现从一种有效形态到另一种有效形态的跃迁，且能够自适应不确定的干扰环境，优化选择并融合"网络"中可以用作认知的数据；当部分结构被摧毁或不能使用的时候，能够充分利用剩余的条件，重新组织算法，实现重新配置和/或合理的跃迁。

　　德国理论物理学家 H. Haken 认为，从组织的进化形式来看，可以把组织分为两类：他组织和自组织。如果一个系统靠外部指令而形成组织，就是他组织；如果不存在外部指令，系统按照相互默契的某种规则，各尽其责而又协调地自动地形成有序结构，就是自组织。

从系统论的观点来说，"自组织"是指一个系统在内在机制的驱动下，自行从简单向复杂、从粗糙向细致方向发展，不断地提高自身的复杂度和精细度的过程。

从热力学的观点来说，"自组织"是指一个系统通过与外界交换物质、能量和信息，而不断地降低自身的熵含量，提高其有序度的过程。

从统计力学的观点来说，"自组织"是指一个系统自发地从最可几状态向概率较低的方向迁移的过程。

从进化论的观点来说，"自组织"是指一个系统在"遗传""变异"和"优胜劣汰"机制的作用下，其组织结构和运行模式不断地自我完善，从而不断提高其对于环境的适应能力的过程。C. R. Darwin 的生物进化论的最大功绩就是排除了外因的主宰作用，首次从内在遗传突变的自然选择机制的过程中来解释物种的起源和生物的进化。

从结构论—泛进化理论的观点来说，"自组织"是指一个开放系统的结构稳态从低层次系统向高层次系统的构造过程，因系统的物质、能量和信息的量度增加，而形成如生物系统的分子系统、细胞系统到器官系统乃至生态系统的组织化度增加，基因数量和种类自组织化、基因时空表达调控等导致生物的进化与发育（Evo-Dev）过程。

任何一个组织都有自组织属性，否则就失去了存在的基础和发展的动力。自组织理论是关于在没有外部指令条件下，系统内部各子系统之间能自行按照某种规则形成一定的结构或功能的自组织现象的一种理论。该理论主要研究系统怎样从混沌无序的初态向稳定有序的终态演化的过程和规律，其认为无序向有序演化必须具备几个基本条件：①产生自组织的系统必须是一个开放系统，系统只有通过与外界进行物质、能量和信息的交换，才有产生和维持稳定有序结构的可能；②系统从无序向有序发展，必须处于远离热平衡的状态，非平衡是有序之源。开放系统必然处于非平衡状态；③系统内部各子系统间存在着非线性的相互作用。这种相互作用使得各子系统之间能够产生协同动作，从而可以使系统由杂乱无章变成井然有序。除以上条件外，自组织理论还认为，系统只有通过离开原来状态或轨道的涨落才能使有序成为现实，从而完成有序新结构的自组织过程。

自组织理论以一切自组织现象为研究对象，关注的是开放系统中自组织结构如何产生、演化，以及由系统内在演化机制而导致的系统外部表现。自组织理论的理论基础主要是耗散结构理论（Dissipative Structure）、协同学（synergetics）、突变论（Catastrophe Theory）。

（1）耗散结构理论

耗散结构理论为自组织理论的"自组织的条件方法论"。耗散结构是一个远离平衡状态的开放系统，通过不断地与外界环境发生物质与能量的交换，在外界条件的变化达到一定的阀值时，可能从原有的混沌无序的混乱状态，转变为一种在时间上、空间上或功能上的有序状态。耗散结构无法直接获得，只能通过创造必要条件间接获得。由这些特征可以看出，自组织结构是一种典型的耗散结构。远离平衡态、系统的开放性、系统内不同要素间存在非线性机制、系统的涨落构成了耗散结构形成的四个基本条件。

①远离平衡态

远离平衡态才可能使得体系具有足够的反应推动力，推动由无序转化为有序的过程，从而形成耗散结构，它也构成了振荡反应产生的前提条件。

②开放体系

系统只有保持开放，才有可能同外界交换物质与能量形成有序结构，才可能从外界向体系输入反应物等来使体系的自由能或有效能不断增加和从体系向外界输出生成物等来使体系无效能不断减少，即有序度不断增加、无序度不断减少。从熵的角度看，即向体系输入负熵，并从体系输出正熵，从而使体系的总熵量增长为零或为负值，以形成或保持有序结构。输入负熵，是消耗外界有效物质与能量的过程；输出正熵，是发散体系无效物质与能量的过程。这一耗一散，也就成了产生自组织有序结构的必要条件。这也是把自组织有序结构称为耗散结构的原因。

③非线性作用

体系内各要素之间局部线性叠加后呈现出整体非线性的作用效果，这使一个小的输入就可能产生巨大而惊人的效果。这使体系有可能具有自我放大的变化机制，产生突变行为和相干效应、协同动作以重组自己、形成有序。如果只是具有线性作用，要素间的作用只能是线性叠加，即量的增长，而不能产生质的飞跃和实现有序。

④涨落作用

由于系统要素的独立运动或在局部产生的各种协同运动以及环境因素的随机干扰，系统的实际状态值总会偏离平均值，这种偏离波动大小的幅度就叫涨落。这种涨落或起伏的变化具有启动非线性的相互作用，它使体系离开原来的状态，发生质的变化，跃迁到一个新的稳定的有序态，进而形成耗散结构。因此，涨落是系统新的结构或有序状态形成的一种启动力。涨落主要是由于受到体系内部或外部的一些难以控制的复杂因素干扰引起的，带有随机的偶然性，然而却可以导致必然的有序。

（2）协同学

协同学是自组织理论的"一般的动力学方法论"，不同于耗散结构理论从摸索耗散结构形成条件的角度研究系统的演进，它围绕着"协同"和"竞争"两种系统运作机制研究系统内部各要素之间怎样合作，并通过自组织来产生空间、时间或功能结构。这种系统内部各要素之间的合作与自组织被称为协同机制，系统各要素之间的协同构成了自组织过程形成的基础，系统内各参量之间的竞争和协同作用是系统产生新结构的基础。

（3）突变论

突变论是求解耗散结构理论和协同学的工具和基础，它以稳定性理论为基础，着重考查动态过程，依靠一定的数学法则得出运动变化的规律和特点，其主要任务是建立突变现象的定性、定量模型。在稳定性理论的基础上，它认为突变过程是由一种稳定态经过不稳定态向新的稳定态跃迁的过程，表现在数学上是标志着系统状态的各组参数及其函数值变化的过程。突变论认为，即使是同一过程，对应于同一控制因素临界值，突变仍会产生不同的结果，即可能达到若干不同的新稳定态，每个状态都呈现出一定的概率。微分流形和强化学习是突变论下的两种具体实例。

除了上述主要理论之外，还有许多理论对自组织理论进行了补充，较有代表性的理论如下：

（1）协同动力论

协同动力论的要点包括：①在大量子系统存在的事物内部，在等权重输入必要的物质、能量和信息的基础上，需激励竞争，形成影响和相互作用的网络；②合作形成与竞争相抗衡的必要的张力，不受干扰地让合作的某些优势自发地、自主地发展以形成更大的优势；③系统的各参量确定后，参量的支配不能通过被组织方式进行，应按照自组织过程形成参量支配的规律。

（2）演化路径论

演化路径论认为系统演化的路径有三种：①经过临界点或临界区域的演化路径，演化结局难以预料，小的激励极可能导致大的涨落；②演化道路具有间断性，即大部分演化路径可以预测，但有些区域或结构点有大的跌宕和起伏，常出现突然的不可预测的变化；③渐进的演化道路，即路径基本可以预测。突变论所利用的形态演化方法（结构化方法）在整体背景上进行自组织演化路径的突变可能性分析，为研究者在一定高度上认识集合中的值域提供了一个整体观。

这些理论在解释和理解如何有效展开事物之间相互作用从而结合成为更紧密的事物的方法，系统内部各要素自组织过程中的空间结构复杂性的问题，以及系统走向自组织过程中的时间复杂性问题上都起到了积极有效的作用。神经动力学是自组织理论加入时间复杂性后的一个具体实例。

目前，对人的自组织认知的研究与论证方法正处在不断发展过程中。早期的方法，对人的自组织认知作为一个既一般又特殊的系统加以考查和分析，将静态的、无扰动的设计模式进行系统功能、性能的分析与优化，如机器学习的方法。后来出现了动态的、多扰动模式的系统的建模方法，如深度学习的方法。

对于拟人的自组织认知系统的综合化设计，产生了一个"矛盾"：一方面，系统的体系结构要从平台自身转换到"自组织为中心"，另一方面，设计中不得不面向一些特殊单元组件的静态的所谓的"他组织规则"。很多研究为解决这个"矛盾"做了卓有成效的工作，如力图用系统论与控制论的观点解决这个"矛盾"。

在这一理论指引下，认知系统架构经历了并正在经历着从他组织建模到自组织建模的变革。然而，自组织并不意味着他组织的作用的削减，恰恰相反，它们将在多重扰动环境中更加自主、智能，具有信息的分类筛选能力，自适应并且相互间协调合作对问题进行求解。

当信息流与计算流结合是以认知为目的时，体现为学习。这种学习首先确定了空间中一种映射的结构，这个结构代表了集合与集合之间的映射。空间样本作为输入，输出代表期望的结果，由此形成耗散结构。结构之间的节点相互连结、共同作用、相互协作形成一个能有输出结果的结构，即节点之间形成协同。通过建立输出结果与结构之间、节点之间的参数关系，让输出符合预期，也使得结构明确形成突变。通过上述方式建立结构之间的映射关系。

如前所述，集合再进一步形成空间的拓扑。拓扑再进一步形成结构以及结构与结构之间的联系。内积和范式将向量空间中的点与代数的线性求和结合在一起。在内积和范式的基础上，产生基的概念，基于基可以实现对集合与集合之间映射或结构与结构之间联系的近似表示和逼近。维的无限性和复杂的拓扑空间与线性空间簇的转化为更复杂的学习、认知行为的近似表示和逼近提供了可能。这些丰富了集合和映射的内涵，促使形成更有趣的耗散结构、协同和突变，即形成更有趣的映射关系。

在外部表现上，这种学习是一种自组织学习方式，体现为探索式的学习。每次通过对学习效果的评估进行反馈并改进，以此通过不断迭代逼近优秀的学习效果。本书前几章对机器学习和深度学习的介绍构成了这种自组织方式的实例。

在这种方式下，当集合或映射关系随时间变化成为动态关系时，自组织的过程成为新的学习形式——神经动力学的基本描述框架，它描绘出集合之间的传导，或者说集合之间变化的轨迹，又或者说结构间联系变化的轨迹。

另一种自组织学习方式体现为检测与估计。通过概率的方式近似表示和逼近优秀的学习效果。在这种方式下，当集合或映射关系随时间变化成为动态关系时，自组织的过程成为另一种学习形式——强化学习的基本描述框架。它提供了通过不确定性认识不确定性的方法。

7.3　神经动力学与自组织

神经动力学研究的是神经系统状态和特性的动力学，是从更高的抽象层次对机器的认知和学习进行分析和研究，目前的研究成果为研究和解决这一方向上的问题提供了理论框架。

下面综合引用文献[7]中的部分内容对神经动力学进行介绍。

神经动力学从各个不同层次描述完全随机性到完全确定性的变化，层次不同描述不同。目前对神经动力学的研究有实体论和认识论两大流派。

实体论描述基于系统自身的状态和内在性质，适合于对个体进行描述。确定性神经动力学是其重要的应用方向。这一层次的神经网络模型带有确定性的行为。在数学上，实体论状态可以用状态空间的一个点 x 来表示，即可以用状态空间模型作为描述其非线性系统的动力学的数学模型。根据这个模型，需要考虑一组状态变量，并用一组非线性微分方程来描述。假设这些变量的值（在任意特定时刻）都包含充分的信息，可以预测系统的可能演化。令 $x_1(t), x_2(t), \cdots, x_N(t)$ 表示非线性动态系统的状态变量，其中连续时间 t 是独立变量，且 N 为系统的阶。为了简化符号，把这些状态变量收集在一个被称为系统状态变量，或简称为状态的 $N \times 1$ 的向量 $x(t)$ 里。在此条件下，非线性动态系统的典型动力学特性可以用一阶微分方程组的形式给出，即

$$\frac{d}{dt} x_j(t) = F_j(x_j(t)), \quad j = 1, 2, \cdots, N \tag{7-1}$$

其中的函数 $F_j(.)$ 是它的自变量的非线性函数，用向量形式可以把这

个方程组写成紧凑的形式，即

$$\frac{d}{dt}\boldsymbol{x}(t) = \boldsymbol{F}(\boldsymbol{x}(t)) \qquad (7\text{-}2)$$

其中非线性函数 $\boldsymbol{F}$ 是向量，它的每一个元素作用于状态向量中的一个对应元素：

$$\boldsymbol{x}(t) = [x_1(t), x_2(t), \cdots, x_N(t)]^{\mathrm{T}} \qquad (7\text{-}3)$$

式（7-3）中，如果向量函数 $\boldsymbol{F}(\boldsymbol{x}(t))$ 不显式地依赖于时间 t，则这样的非线性动态系统被称为自治的（autonomous）；否则被称为非自治的（nonautonomous）。

不管非线性函数 $\boldsymbol{F}_j(.)$ 的精确形式是什么，状态向量 $\boldsymbol{x}(t)$ 必须随时间改变；否则，$\boldsymbol{x}(t)$ 就是常量，而系统不再是动态的。因此，动态系统可以定义为状态随时间变化的系统。

当这种基于探索式的逼近方式与时间相联系，就会出现与时间相联系的运动轨迹，形成经典的动力学系统。在这种形式中，时间开始成为学习中的一个要素，在这种情况下，时间以两种方式显示了它在学习过程中的作用：一种方式是静态神经网络（多层）将时间通过一个或短或长的记忆结构来体现或运行，另一种方式是把时间以反馈的方式体现在神经网络的运行之中。当反馈作用于系统时，其作用具有两面性，一方面它使得系统的调节具有自适应性，另一方面它可能导致本来稳定的系统变得不稳定。

稳定性是研究基于反馈形成的递归网络时需要考虑的一个重要问题。如果将神经网络看作一个非线性动力系统，那么就要特别重视系统的稳定性问题。稳定性的存在意味着系统和独立部分之间的协调性。有界输入和有界输出（BIBO）的稳定性准则是解决稳定性问题时的一个常用准则。根据 BIBO 稳定性准则，稳定性意味着如果输入有界的初始条件或不必要干扰，那么系统的输出不会没有界限地增长。BIBO 稳定性准则适合于研究线性动态系统。非线性动态系统的稳定性一般是指 Lyapunov 意义的稳定性。这一方法被广泛用于线性和非线性系统中的稳定性分析，包括时变和时不变两种情况。

认识论描述基于观察和度量，因此必然与其前和其后发生的情况有关。由此不可能得出非常一般性的基本定律。非确定性神经动力学是认识论的一个重要应用方向。在数学上，认识论状态可以用 Kolmogorov 空间上的一个概率测度 u 来表示。认识论状态的不确定性是由于误差、方差和可变性等的存在导致的。要想从测量所得的相关性中得出因果关系，必须把实验结果放到一个理论框架之中，如拉普拉斯决定论、麦克斯韦强因果性、庞加莱弱因果性、有效因果性、形式因果性、循环因果性、下行因果性、Granger 因果性等理论。在随机性和确定性问题上，可以认为确定性过程是随机过程的一个特例，随机性就是除去确定性以后的系统表现。例如，在具有相对小的统计变化的随机环境中的递归神经网络，如果环境的内在概率分布是通过提供给网络的监督训练样本完全表示的，这一网络就可能自适应到相对小的环境的统计变化，就不需要对网络的突触权值做更多的在线修正。这一过程中就包含了网络用于自适应的不确定环境的估计或统计。

需要补充说明的是：脑状态、心智状态和行为状态之间的相互关系是认知神经科学和神经动力学的核心问题。这两者之间存在着一对一（还原论）、多对一（充分条件）、一对多（必要条件）和多对多四种可能的相互关系。在不同的层次之间存在双向作用，所以很难讲结果和原因，最好是寻找层次之间的相互关系。但仅仅根据实验数据，并不能证明系统是否混沌，也就是无法区别系统是处于确定性还是随机性。要说明实验系统的混沌性，需要建立有充分事实根据的理论模型，并证明模型的混沌特性；能系统调整系统参数，使系统能通过分岔通向混沌。这为神经动力学的拓展提供了路径。

总的来说，广义上，神经动力学研究的是神经系统的动力学问题，也就是神经系统随时间变化的过程和规律。狭义上，神经动力学是非线性动力学和神经科学的相互结合、相互交叉，把神经系统作为复杂系统——非线性动力学系统进行研究。这种复杂系统也可以理解为一种自组织系统。基于机器学习和深度学习的自组织方式可以看作是基于实体论的神经动力学研究的实例。基于检测与估计的自组织方式可以看作是基于认识论的神经动力学研究的实例。

总之，人类对世界的认识是理论来源于实践，又服务于实践的过程。作为对认知行为的学习，机器学习、深度学习和强化学习的过程也是认识来源于世界，又服务于世界的过程。当离开人类的参与，这一行为完全由计算机自主实现时，这一过程表现为建立在机器学习、深度学习和强化学习及更新更深层次学习基础上的自组织行为。

参考文献

［1］陈文伟. 决策支持系统教程［M］. 2 版. 北京：清华大学出版社，2013.

［2］STUART J, RUSSELL, PETER, et al. 人工智能：一种现代的方法［M］. 3 版. 殷建平，等，译. 北京：清华大学出版社，2016.

［3］杉山将，许永伟. 图解机器学习［M］. 北京：人民邮电出版社，2018.

［4］耿贵波. 数学规划在数据挖掘和机器学习中的应用［D］. 杭州：浙江大学，2007.

［5］张春明. 图论在聚类分析中的应用［D］. 济南：山东师范大学，2004.

［6］张志国. 基于生成树基因表达数据聚类方法分析［D］. 沈阳：东北大学，2006.

［7］SIMON HAY KIM. 神经网络与机器学习［M］. 申富饶，徐烨，郑俊，等，译. 北京：机械工业出版社，2016.